知ってはいけない2
日本の主権はこうして失われた

矢部宏治

講談社現代新書

2499

凡例

○引用中の〔 〕内は、著者が補った言葉です。

○「 」内は引用、〈 〉内は要約です。

○文中および引用中の太字と傍点は、すべて著者によるものです。

○引用した文章のなかで、一部、漢字をカナに変えた箇所などがあります。

○外務省の内部文書の調査（「いわゆる「密約」問題に関する調査」）の結果、二〇一〇年三月九日に一般公開された文書については、「外務省「報告対象文書（＋文書番号）」」「外務省「その他関連文書（＋文書番号）」」と表記しました。同調査の結果と公開文書については、左の外務省のＨＰを参照してください。
「いわゆる「密約」問題に関する調査結果」（外務省）
(https://www.mofa.go.jp/mofaj/gaiko/mitsuyaku/kekka.html)

目次

四コマまんが：ぼうごなつこ
図版（150・155ページ）：アトリエプラン

はじめに

世の中、思いもかけぬことが起こるものです。

たった一年前には誰も予想できなかったことですが、今年〔二〇一八年〕の三月、朝鮮半島で突如として南北の劇的な緊張緩和が始まり、あれよあれよという間に、六月には歴史的な米朝の首脳会談までが実現してしまいました。

平和条約締結へのタイムテーブルはまだわかりませんが、「終戦宣言」そのものは、いつ出されてもおかしくない状況となっています。

実は私たちの暮らす「戦後日本」という国にとって、これは本来、半世紀に一度訪れるか訪れないかと言っていいほどの大きなチャンスのはずなのです。

なぜなら私が本書のPART1『知ってはいけない 隠された日本支配の構造』のなかで詳しく述べたように、現在の日本とアメリカの間に存在する異様な従属関係の本質は、いまから七〇年近く前、日本の独立直前に起こった朝鮮戦争の中で生まれた「米軍への主権なき軍事支援体制」、いわゆる「朝鮮戦争レジーム」にあるからです。

ごく簡単にいえば、当時の吉田茂首相と日本の外務省が、独立交渉の場にずっと同席していた米軍の少将（旧安保条約の原案は彼が書いたものです）や大佐や次官補たちから、〈独立はさせてやる。そのかわり、占領中と同じく米軍への軍事支援は続けると約束しろ。いいか。オレたちはいま、朝鮮半島で生きるか死ぬかの戦争をしてるんだ。とにかく軍事の問題については、すべてオレたちの言うことを聞け。わかったな〉

と有形無形の圧力をかけられて結んだのが、旧安保条約と行政協定だったわけです。

基本的にはそのときの米軍との法的な関係が今も続いている。

「朝鮮戦争がまだ正式に終わっていないことを法的根拠として、米軍が日本の国土と官僚組織を軍事利用しつづける準戦時体制」

それが「戦後日本」という国の本当の姿だったのです。

世界中が首をかしげた安倍首相の行動

本来なら、自分たちの手で解決すべきだったその最大の問題が、まさに〃棚からぼた餅〃といった形で突如、解決の方向へ向かい始めた。そこで日本がやるべきことは、トランプ大統領も加わったこの大きな歴史の流れに対して、ただ合流すればいいだけ。なんの努力も能力もいらない話のはずでした。

ところが今回はそこで、国際社会から見てまったく理解不能な出来事が起こってしまったわけです。すでに多くの海外メディアで報じられたように（左上）、この**「分断された民族の融和」と「核戦争の回避」という誰もが祝福すべき大きな歴史の流れに対して、世界でただ一ヵ国だけ、なんとかブレーキをかけようと最後まで抵抗しつづけたのが、自国がもっとも核ミサイルの危機にさらされていたはずの日本の首相と外務省だったのです。**

いったいなぜ、そんなおかしなことが起こってしまうのか。

ドイツのメルケル首相やロシアのプーチン大統領をはじめ、世界中の識者たちが首をかしげたのも当然だったといえるでしょう。

朝鮮戦争終結への動きが進むなか、「北朝鮮に最大限の圧力をかけるべき」と繰り返す安倍首相を皮肉った「ニューヨーク・タイムズ」の風刺画（2018年4月29日）

なぜ日本だけがまともな主権国家になれないのか

そうした不可思議な「朝鮮戦争レジーム」の構造について解説した、本書のＰＡＲＴ１は、おかげさまで一〇万部を超えるベストセラーとなりました。

ですから戦後日本における、アメリカへの異様なまでの従属体制が「なぜ生まれたのか」という謎については、ひとまず解明と説明が終わったと考えています。

そこで本書では、その異様な体制が七〇年たったいまも、「なぜ、まだつづいているのか」という、戦後日本の〝最後の謎〟に挑戦することにしました。

第二次大戦のあと、日本と同じくアメリカとの軍事同盟のもとで主権を失っていたドイツやイタリア、台湾、フィリピン、タイ、パキスタン、多くの中南米諸国、そしていま、ついに韓国までもがそのくびきから脱し、正常な主権国家への道を歩み始めているにもかかわらず、なぜ日本にだけはそれができないのか。

その謎を解くための最大のカギが、いまから六〇年前、現在の安倍晋三首相の祖父である岸信介首相が行った「安保改定」と、そのときアメリカとのあいだで結ばれた「三つの密約」のなかに隠されていたのです。

本書はその〝最後の謎〟について、できるだけわかりやすくレポートしたものです。

「朝鮮戦争レジーム」が、日本列島のなかにだけ残される可能性がある

すでに述べた通り、今回の朝鮮半島での出来事は、日本が外交上、常識的にふるまうことさえできれば、もちろん大きなチャンスなわけですが、実際はその簡単なことがまったくできない可能性が非常に高い。

戦後長らく「朝鮮戦争レジーム」の担い手として政権を独占してきた自民党には、先に触れた安倍首相の行動が象徴するように、今後もその「準戦時体制」を維持して変わらず権力の座に留まりつづけたいという強い〝政治的ベクトル〟が存在するからです。

加えて最大の問題は、これから本書で詳しくご説明するように、現在日本の外務省の中枢は、すでに正常な機能をほとんど失っており、そうした自民党の誤った政治的ベクトルをなにひとつ修正できないことが予想されるからです。

その結果、**まったくバカげた話ですが、このままでは本家本元の朝鮮半島で消滅した「朝鮮戦争レジーム」が、その原因である朝鮮戦争が終わったあとも、アメリカとの純粋な二国間関係として、日本列島のなかにだけ半永久的に残されてしまう可能性が高いのです。**

私たちには「ポスト戦後日本」の行方を正しく選択する大きな歴史的責任がある

ですから私たちが住む「戦後日本」という国は、いま本当の正念場を迎えていると言えるでしょう。

安倍政権のもとで、ついに最終段階を迎えた感のある「法治国家崩壊状態」を、私たち日本人自身の手で反転させ、**これから、「自らが主権を持ち、憲法によって国民の人権が守られる、本当の意味での平和国家」として再生していくことができるのか。**

それとも同じ朝鮮戦争レジームから見事に脱却していく韓国(と北朝鮮!)を横目で眺めながら、このまま世界でただ一ヵ国だけ、主権のない米軍への隷属国家として、ひたすら衰退への道を歩んでいってしまうのか。

私たちにはいま、「ポスト戦後日本」の行方(ゆくえ)を正しく選択する大きな歴史的責任があるのです。

そのために必要な基礎的知識を、これから本書で概観することにいたします。この小さな本が、そうした新しい時代の議論の手がかりとなることを心から願っています。

第一章

日本は「記憶をなくした国」である

―― 外務省・最重要文書は、改ざんされていた

「どうも岸内閣のとき、そういうもの〔アメリカとの密約〕が若干あったらしいんだな。**よくは知らんけど**」

（沖縄返還交渉時の佐藤栄作首相）

日本の外務省が考える密約
密約が問題だって いうけどさあ あんな非公式なものは うっちゃっておけば いいんじゃないの？
結局 効力ないんでしょ？
沖縄返還時の佐藤首相
その通りだよ君！ これは腹芸の世界なんだ
密約なんて 破って捨てても いいんだから
一方、米国側の認識は…
いーえ ちがいます 密約は表に出さないだけで 国家と国家の 正式な取り決め
政権が替わっても もちろん 引き継がれます
そしてその多くは 30年経ったら公開されます
これはデマだ!!
米軍が日本で悪さをしても裁きませーん
沖縄に核持ち込みしちゃってくださ〜い
米公文書
関連文書を 書き変えろ!!

政治三流、経済一流、官僚超一流

私は一九六〇年（昭和三五年）という昭和中期の生まれなのですが、日本が高度経済成長の真っただ中にあった子どものころ、よくこんな言葉を耳にすることがありました。

「政治三流、経済一流、官僚超一流」

つまり、自民党の政治家は汚職ばっかりしてどうしようもないが、とにかく経済はうまく回っている。その証拠に日本は戦争で負けてから二〇年ちょっとで、アメリカに次ぐ世界第二位の経済大国になったじゃないか。

もちろんそれは町工場のオヤジから身を起こし、世界的な大企業をつくった松下（幸之助）や本田（宗一郎）といった経営者たちが偉かったからだが、もっと偉いのは官僚たちだ。霞が関で夜遅くまで煌々と電気をつけ、安い給料で国家のために働く頭のいい彼らのおかげで、日本はここまでのぼりつめたのだ……。

いまの若い人たちには信じられないかもしれませんが、三〇年くらい前まで、多くの日本人はそう思っていたのです。

ですから時代が変わり、二〇〇九年に自民党政権が崩壊して、その政治的変動のなかで外務省の「密約問題」が大きく浮上したときも、私自身のなかにそうした日本の高級官僚への信頼感というものは、まだ漠然とした形で残っていたような気がします。

なにしろ外務省といえば、財務省（旧大蔵省）と双璧をなす日本最高のエリート官庁だ。いま大きな疑惑として報じられている日米間の「密約」も、おそらくは存在したのだろう。けれども外務省の中枢には、そうした複雑な問題を全部わかっている本当のエリートたちがいて、国家の行方にまちがいがないよう、アメリカとそれなりにギリギリの交渉をしてくれているはずだ……。

その後、自分自身が密約問題を調べるようになってからも、まだかなり長いあいだ、私はそう思っていたのです。

アメリカとの密約をまったくコントロールできていない外務省

けれども残念なことに、現実はまったくそうではなかったのです。

現在、日本の外務官僚たちは、戦後アメリカとのあいだで結んできたさまざまな軍事上の密約を、歴史的に検証し、正しくコントロールすることがまったくできなくなっている。というのも、**過去半世紀以上にわたって外務省は、そうした無数の秘密の取り決**

めについて、その存在や効力を否定しつづけ、体系的な記録や保管、分析、継承といった作業をほとんどしてこなかったからです。

そのため、とくに二〇〇一年以降の外務省は、「日米密約」というこの国家的な大問題について、資料を破棄して隠蔽（いんぺい）し、ただアメリカの方針に従うことしかできないという、まさに末期的な状況になっているのです。*

私が「戦後史の謎」を調べるようになってから知ったさまざまな事実のなかでも、この無力化した外務省のエリート官僚たちの姿ほど、驚き、また悲しく感じられたものはありませんでした。

昨年から大きな政治スキャンダルとなっている財務省や防衛省の資料改ざん問題や隠蔽問題も、その源流が過去の外務省の日米密約問題への誤った対応にあったことは、疑いの余地がありません。

*「核密約文書、外務省幹部が破棄指示　元政府高官ら証言」（「朝日新聞」二〇〇九年七月一〇日）

永遠にウソをつきつづけてもかまわない

あれほど国民から厚い信頼を得ていたはずの日本の高級官僚たちが、いったいなぜ、そんなことになってしまったのか。

　もちろん密約は日本だけでなく、どんな国と国との交渉にも存在します。

　ただ日米間の密約が異常なのは、アメリカ側はもちろんその記録をきちんと保管しつづけ、日本側が合意内容に反した場合は、すぐに訂正を求めてくる。また国全体のシステムとしても、外交文書は作成から三〇年たったら基本的に機密を解除し、国立公文書館に移して公開することが法律（情報公開法：ＦＯＩＡ）で決まっているため、[*]国務省（日本でいう外務省）の官僚たちもみな、明白なウソをつくことは絶対にできない。

　ところが日本の場合は、

「アメリカとの軍事上の密約については、永遠にその存在を否定してもよい。いくら国会でウソをついても、まったくかまわない」

という原則が、かなり早い時点（一九六〇年代末）**で確立してしまったようなのです。**

　そのため密約の定義や引き継ぎにも一定のルールがなく、結果として、ある内閣の結んだ密約が、次の内閣にはまったく引き継がれないという、近代国家としてまったく信じられない状況が起こってしまう。

＊　ただし軍関係およびＣＩＡ関係の文書や、その文書の関係国（日本など）が反対した場合は、公開されないケース

兄（岸信介）の結んだ密約を、「よくは知らん」といった弟（佐藤栄作）

ひとつ例をあげてみましょう。岸信介と佐藤栄作という、日本の戦後史を代表するふたりの政治家がいます。このふたりはそれぞれ安保改定（一九六〇年）と沖縄返還（一九七二年）という巨大プロジェクトを手がけ、そのときアメリカとのあいだで重大な密約を結んだことでも知られています。そしてみなさんよくご存じのとおり、このふたりは名字こそちがいますが、実の兄弟です。

その佐藤栄作が、兄である岸信介が安保改定のときに結んだ密約について、どういっていたか。なんと、

「どうも岸内閣のとき、そういうものが若干あったらしいんだな。**よくは知らんけど**」

といっていたのです！（一九六九年一〇月二七日）

これはほかでもない、佐藤が沖縄返還の秘密交渉を任せた、当時三九歳の国際政治学者、若泉敬氏による証言です（『他策ナカリシヲ信ゼムト欲ス』文藝春秋）。

佐藤はまた、自分が訪米してニクソン大統領とサインを交わすことになった「沖縄・

【資料①】沖縄への核の再持ち込み密約

【若泉がキッシンジャーから手渡された「密約の原案」＊（1969年9月30日）】

極秘　**返還後の核作戦を支援するための沖縄の使用に関する最小限の必要事項**

1．緊急事態に際し、事前通告をもって核兵器を再び持ちこむこと（リエントリー）、および通過させる権利

2．現存する左記の核貯蔵地をいつでも使用できる状態に維持し（スタンバイ）、かつ緊急事態に際しては活用すること。

嘉手納

辺野古

那覇空軍基地

那覇空軍施設

および現存する3つのナイキ・ハーキュリーズ基地〔＝米陸軍のミサイル基地〕

＊最終的にはこの原案の内容を「共同声明についての合意議事録」（まずニクソンが右の内容を述べ、それを佐藤が了承するというやりとりの形にした文書）として書き直し、それに両首脳が1969年11月19日の首脳会談の席上、大統領執務室（オーバルオフィス）に接した小部屋でサインをしました。事前の打ち合わせではイニシャルだけのサインの予定でしたが、実際にはフルネームでサインとなりました（『他策ナカリシヲ信ゼムト欲ス』）

核密約」（＝有事における沖縄への核兵器の再配備を認めた密約：→右ページ）についても、若泉からその機密の保持にはくれぐれも気をつけてくださいと念を押されたときに、

「それは大丈夫だよ。**愛知〔揆一・外務大臣〕にも言わんから。〔密約文書を〕破っちゃっていいんだ。一切、〔誰にも〕言わん**」

と、信じがたい発言をして、若泉を驚かせています（同年一一月六日）。

さらにこのとき佐藤は、

「**要するに君、これは肚だよ**」といったとも若泉は書いています。

いったいこのとき佐藤は、自分がこれからアメリカでサインする予定になっている密約文書について、どのような認識を持っていたのでしょうか？

なぜ、そこまでまちがった認識を、首相が持ってしまったのか

この会話を雑誌『文藝春秋』で取り上げた、密約研究のパイオニアのひとりであるジャーナリストの春名幹男さんは、

「つまり、佐藤首相は、「密約」を、総理大臣の個人的責任で窮地を凌ぐため腹芸で交わすものだと認識していた。そのため、**外務大臣にも伝えていなかった。しかも、後継**

首相にも「密約」を引き継いでいない。これは安保改定時に（略）〔重大な密約を〕結んだ岸首相も同様であった。日本側〔＝岸と佐藤〕は密約は個人対個人のものと捉えていたのである」（「日米密約 岸・佐藤の裏切り」『文藝春秋』二〇〇八年七月号）

と述べています。

「えっ、本当ですか」と驚いてしまいますよね。密約は「個人と個人が交わすものだから、あとの政権に引き継がなくていい」と考えていたというのです。

でも、そんな勝手なとらえ方が、はたしてアメリカに通用するのでしょうか。

「しかし、アメリカは「密約」に対し、まったく違う認識を持っていた。「密約」は決して大統領の個人的判断などではなく、あくまで組織として機関決定し、政府対政府が取り交わすものであり、政権が変わっても受け継がれる、と考えているのである」（同前）

それはそうですよね。やっぱり通用しないわけです（笑）。

もちろんこれは、アメリカ側の認識が完全に正しいのです。国家の代表と代表が、互いに文書を交わして、そこにサインまでしているのですから、国際法上、これは通常の条約や協定と同じように両国を拘束するというのが国際的な常識です（↓280ページ）。

それなのになぜ、岸や佐藤といった戦後日本を代表する政治家たちは、そのような完全にまちがった認識を持ってしまったのでしょうか。

「日本政府の最高レベルに次のことを伝えよ」

そもそも戦後の日米関係というこの圧倒的な従属関係において、過去に自国の首相がサインした文書をアメリカ側から示されたら、日本の政治家や官僚たちは、それ以上抵抗できなくなるに決まっています。その密約について、それまでなにも知らされていなかったとしたら、なおのことでしょう。

法的にも現実問題としても、効力はもちろんある。首相本人が「破って捨てれば、それでいい」というような話では、まったくないのです。

実際、日本の交渉担当者が過去の密約について理解していないと判断した場合、アメリカ側は国務長官〔＝日本でいう外務大臣〕が東京のアメリカ大使館にあてて、

「日本政府の最高レベルに次のこと〔＝過去の密約の内容〕を伝えよ」

という電報を打ち、その後、抗議された日本の大臣があわてて内密に謝罪するといったことが何度も起きているのです。*

春名さんが詳しく解説されているように、アメリカは他国と条約や協定を結ぶにあた

って、非常に論理的な戦略のもとに交渉を積み重ねていきます。そのなかで、さまざまな事情によって条約や協定、付属文書に明記できない内容については、「公開しない」という約束のもとに別の文書をつくり、正式な取り決めとしてそこにサインをする。しかし三〇年たったら、基本的に公開する。それがアメリカ政府の考える密約なわけです。

「〔岸や佐藤が〕密約は首相個人の責任で交わしたつもりだったのに対し、**米側は組織として密約を機関決定し、公表はされないが有効な国家間の取り決めとして、政権が変わっても引き継いでいく。この両国の埋め難い密約観の違いが、時に、日米間の深刻な亀裂となってあらわれることがある**」（同前）

＊『検証・法治国家崩壊　砂川裁判と日米密約交渉』（吉田敏浩＋新原昭治・末浪靖司　創元社）

核兵器の「持ち込み疑惑」

その「深刻な亀裂」が、まさにメリメリと音をたて、大きな口をあけたのが、いまから半世紀以上前の一九六三年四月のことでした。

そしてそのとき日本の外務大臣と駐日アメリカ大使の間で姿を現した亀裂は、その後もずっと修復されることがなく、半世紀たった現在に至るまで、日本の外交とさらには国家のシステムそのものに、大きなダメージを与えつづけているのです。

少し詳しく説明していきましょう。

当時の日本の外務大臣は、まだ五三歳と若かった大平正芳でした。

若い方たちはもうあまりご存じないかもしれませんが、彼は有名な田中角栄元首相の盟友として知られた政治家で、池田勇人内閣で官房長官を務めたのを皮切りに、二度の外務大臣と、通産大臣、大蔵大臣などを歴任し、最後は首相にまで登りつめた自民党・保守本流の超大物だった人物です。敬虔なクリスチャンであり、また政界きっての読書家としても知られるインテリでもありました。

一方、駐日アメリカ大使は、エドウィン・O・ライシャワー。ハーバード大学教授の有名な東洋史研究者で、日本生まれ。明治の元勲・松方正義の孫、ハル夫人と再婚したことでも知られる〝日本人からもっとも愛されたアメリカ大使〟でした。

ところが人柄も知力も申し分ないはずのそのふたりが、春の日のアメリカ大使公邸の朝食の席で、日米間の「深刻な亀裂」に直面することになったのです。その亀裂の正体とは、当時日本の国会で大きな問題となっていた「アメリカ艦船による日本への核兵器の持ち込み疑惑」でした。

秘密の取り決め

そもそもの始まりは、この年の一月のことでした。ライシャワー大使が日本政府に対し、米軍の新型原子力潜水艦「ノーチラス」の日本への寄港を正式に要請したことをきっかけに、日本の港に入港しているアメリカ艦船のなかに、核兵器を積んでいる船があるのではないかという疑惑が国会で大きな問題となったのです。

この騒ぎがなぜそこまで大きくなったかというと、その理由は三年前（一九六〇年）、岸政権のもとで行われた安保改定にありました。

そのとき「対等な日米新時代」のまさに象徴として、日本に配備される米軍の重大な軍事上の変更については、日本政府が事前に相談を受けるという「事前協議制度」が新設されており、新安保条約の付属文書*で合意されていたのです。**

それは当時日本国内で、占領時代となにひとつ変わらず傍若無人に行動していた米軍の動きに歯止めをかけ、失われていた国家主権を回復するための、安保改定の最大のセールス・ポイントだったのです。

＊ 通称「岸・ハーター交換公文」。正式名称は「日本国とアメリカ合衆国との間の相互協力及び安全保障条約（＝新安保条約）第六条の実施に関する交換公文」

深刻な認識の違い

　ですからこの一九六三年に大問題となった、核兵器の持ち込み疑惑に関する野党の追及に対し、池田首相は、

「核弾頭を持った潜水艦は、私は日本に寄港を認めない」（三月六日・参院予算委員会）、

　志賀健次郎防衛庁長官は、

「〔アメリカの艦船が〕日本の港に寄港する場合においては、核兵器は絶対に持ち込んでは相ならぬ、かように〔＝そのように〕固い約束をいたしておる」（三月二日・衆院予算委員会）

　と国会で述べて、どちらもその事実を明確に否定しました。

　ところが実際には、核兵器を積んだアメリカの艦船は、すでにその一〇年前の一九五三年から、ずっと途切れることなく横須賀や佐世保に寄港しつづけていたのです。それもただの寄港ではなく、補給をしたあと日本海や東シナ海、フィリピン海域へ展開し、そこからたとえば爆撃機で平壌（ピョンヤン）を核攻撃する演習などを行っていました。[※]

　それなのになぜ、それほど深刻な認識の違いが起きていたのか。

実は安保改定時に新設された事前協議制度には、正式に結ばれたオモテの取り決めのほかに、ウラ側で合意された「秘密の取り決め」があったのです（→第二章）。

一九六〇年一月六日、つまり新安保条約がワシントンで調印される（同一月一九日）約二週間前に、当時の藤山愛一郎外務大臣が東京の外務省本省で、マッカーサー駐日大使とその文書にサインしていました。

その密約文書によって、核兵器を積んだ米軍の艦船が日本の港に寄港することは、すでに了承済みだとアメリカ政府は考えていたのです。

そのため池田首相たちの発言を問題視したラスク国務長官は、ケネディ大統領も出席した重要会議でこの問題を検討し、その結果、ライシャワー大使が大平外務大臣に直接会って説明をすることになったのです。

＊『「核兵器使用計画」を読み解く』（新原昭治　新日本出版社）

大平外務大臣とライシャワー大使

アメリカ側の記録によれば、[*] 一九六三年四月四日、ライシャワーは大平をアメリカ大使公邸での朝食会に招き、話を始めます。

たしかにアメリカは日本政府に対し、事前協議なしには核を持ち込まないと三年前の安保改定で約束している。しかし、問題はその「持ち込む（イントロデュース）」という言葉の意味だ。これは日本の陸上基地のなかに核兵器を常時配備するという意味であり、その点については日米で合意があったはずなのだが、と。
その後の展開は、おおむね次のようなものでした。

「ライシャワーの説明を聞いた大平は
「つまり、「イントロデュース」は艦上の核には当てはまらないんだね」
と尋ねた。ライシャワーが肯定すると
「これまでは厳密な意味で使っていなかったが、今後はそうする」
と約束した。
ライシャワーはさらに、〔一九〕六〇年一月六日、ダグラス・マッカーサー二世と藤山愛一郎が署名した「討論記録[**]」〔という名の密約文書＝本書では「討議の記録」と表記〕を取り出して、大平に示した。大平は〔このとき〕討論記録の存在を初めて知らされたが、驚いた様子を見せなかったという。最後にもう一度、記録に目をやると

「池田〔首相〕にも伝える。問題はないだろう」
と言った。（略）
密約はこうして引き継がれた」（『「共犯」の同盟史――日米密約と自民党政権』豊田祐基子
岩波書店）

大平の娘婿で、長く第一秘書をつとめた元大蔵官僚の森田一（はじめ）氏によれば、このライシャワーとの会見直後から大平は、車のなかなどでよく目を閉じて、「イントロダクション〔持ち込み〕、イントロダクション〔持ち込み〕……」と小声でつぶやきながら、なにかを考えこむようになったといいます（『心の一燈 回想の大平正芳』第一法規）。

＊ このライシャワー駐日大使からラスク国務長官への報告書については、日本共産党のＨＰで翻訳が公開されています。 http://www.jcp.or.jp/seisaku/gaiko_anpo/2000323_kaku_mituyaku_2.html
その原資料については、次のサイトを参照。 https://nsarchive2.gwu.edu//nukevault/ebb291/doc03.pdf

＊＊原文は“RECORD OF DISCUSSION”。（その全文は73ページ以下に掲載してあります）

何度言っても伝わらない（笑）

それにしても、いったいどうしてこんなことが起きてしまうのでしょう。

一九六〇年に岸政権が結んだ重大な密約が、わずか三年後、同じ自民党の池田政権の外務大臣（大平）に、もう引き継がれていないのです。さらに大平が「今後はそう認識する」といった密約の内容が、やはり次の佐藤政権にも伝わっていなかったのです。

というのも、ライシャワーが翌年（一九六四年）の九月、外務大臣の職を去って間もない大平に会って確認したところ、彼は後任の外務大臣である椎名（悦三郎）に対して、やはり密約の内容を伝えていないようだった。そのためライシャワーは同年一二月、池田に代わって首相になったばかりの佐藤栄作を官邸に訪ね、やはり同じ密約についての説明をしたのだそうです。

そのとき説明を聞いた佐藤がなにも反論してこなかったので、この時点でアメリカ政府は、日本政府が密約の内容を了承したものと考えていました。

ところがそれから四年たって（一九六八年）、ライシャワーの次に駐日大使になったアレクシス・ジョンソンが、やはり牛場信彦・外務事務次官と東郷文彦・アメリカ局長（どちらも戦後の外務省を代表する超エリート外務官僚です）に対してそれまでの経緯を説明し、密約の内容についての確認を求めたところ、**牛場と東郷は、一九六三年四月の一回目の**

大平・ライシャワー会談については外務省に記録があるとしながらも、大平がアメリカ側の解釈に同意したことは認めませんでした。

さらに、アメリカ側の主張にある二度目の大平・ライシャワー会談（一九六四年九月）**と、佐藤首相への密約の説明**（同年一二月）**については、外務省内を探しても、どこにも記録が見当たらなかったとしたのです**（東郷文彦「装備の重要な変更に関する事前協議の件」／外務省「報告対象文書1－5」ほか）。

明白なウソをつきつづけた日本政府

ここまで読んでいただいただけで、この問題をめぐる日米間の外交が、いかに混乱したドタバタ劇のような状況にあったかが、よくおわかりいただけたと思います。

しかし、いちばん重要なのはこのあとの話なのです。

結局、二度の「大平・ライシャワー会談」のあとも、「佐藤・ライシャワー会談」のあとも、さらには牛場や東郷が密約文書について、アメリカ側からはっきりその解釈を伝えられたあとも、**日本政府は、**

「核兵器を積んだアメリカ艦船の寄港は事前協議の対象であり、日本に無断で寄港する

ことはない。したがってこれまで一度も寄港したことはない」
という解釈を変えず、国会でも同じ答弁をつづけました。それが明らかなウソであることを知ったあとも、ずっと同じ立場をとりつづけたのです。

日本政府はその後、現在まで、この明らかなウソを一度も訂正していません。

広く知られているように、アメリカの核戦略の基本は一九五八年以降、核兵器があるかないかを「肯定も否定もしない」(Neither confirm nor deny)という「NCND政策」にあります。*

ですから日本に寄港する船だけが核兵器を積んでいないとアメリカ政府が保証することなど、絶対にありえないと世界中が知っているのです。

それにもかかわらず、日本政府はずっと国会で、

「事前協議がない以上、核兵器を積んだアメリカの艦船が日本に寄港することは絶対にない」

という百パーセントのウソをつきつづけたのでした。

歴史をふりかえると、この「核兵器を積んだアメリカ艦船の寄港」についての、半世紀以上におよぶ国会での明白な虚偽答弁こそ、その後、自民党の首相や大臣、そして官

僚たちが平然と国会でウソをつき、さらにはそのことにまったく精神的な苦痛や抵抗を感じなくなっていった最大の原因だといえるでしょう。

＊その後、アメリカは一九九一年の政策変更（「ブッシュ・イニシアティブ」）により、翌一九九二年以降は核兵器の艦船への配備を、原子力潜水艦に搭載するSLBM（潜水艦発射弾道ミサイル）以外は中止したとしています。けれどもあくまでそれは「平時」の話であって、米軍が必要と判断したときは、空母や戦闘爆撃機によって、いつでも日本国内に核兵器を持ち込める態勢を維持しつづけています

どう考えてもおかしすぎる話

しかし、よく考えてみると、これほど奇妙な話もないのです。

日本の政治家の、政策理解能力が低いということは、よく知られた事実です。大臣なども、任期一年や二年でどんどん替わるため、ほとんど飾りもののような存在で、アメリカ政府との間で英文で合意された複雑な密約の内容を、きちんと理解していなくてもまったく不思議ではない。

しかし、官僚は違います。

岸政権の安保改定では、外務省のまさに中枢であるアメリカ局（現北米局）と条約局から精鋭メンバーを集めてチームを組み、アメリカとの交渉が行われました。

にもかかわらず、そこで合意した取り決めが次の内閣に引き継がれていないとか、そのためアメリカ大使が改めて外務大臣（＝大平）に説明したことが、やはり次の政権（＝佐藤政権）に引き継がれていないとか、アメリカ大使が首相（＝佐藤）に対して行った重要な説明が、外務省の報告書に記録されていないとか、**どう考えてもありえないことが連続して起きているのです。**

　さらにはすでに触れたように、この核の持ち込み疑惑に関する有名なドタバタ劇には、東郷や牛場という、どちらも最終的には事務次官と駐米大使を歴任する、外務省の本当のトップエリートたちが関わっているのです。

　どう考えてもおかしすぎるこの話が、なぜ半世紀以上にわたって、ほとんど批判も検証もされないまま、あたかも定説のように受け継がれているのか。

　まったく納得できなかった私は、自分でその経緯を確かめようと思い、外務省が公開している原資料＊にいちからあたってみることにしました。すると信じられないことに、ほんの数日で、とんでもない事実を発見することになったのです。

＊「いわゆる「密約」問題に関する調査結果」（外務省ＨＰ）（↓2ページ）

最重要文書が改ざんされていた！

その事実とは、改ざんの証拠でした。核密約をめぐる日本政府のもっとも重要な報告書が、実は改ざんされていることがわかったのです。

この章の冒頭で私は、

「昨年から大きな政治スキャンダルとなっている財務省や防衛省の資料改ざん問題や隠蔽問題も、その源流が過去の外務省の日米密約問題への誤った対応にあったことは、疑いの余地がありません」

と書きましたが、それはこの事実を知っていたからなのです。

日本政府による公文書改ざんの歴史の、まさに原点とでも言うべきその文書について、これからみなさんに詳しくご報告したいと思います。

まず、なにも言わずに左のページから始まる計四枚の文書を見てください。

これは核密約をめぐる長年の混乱の、まさにスタート地点となった「一九六三年四月の大平・ライシャワー会談」（↓26ページ）について記録した、外務省の「極秘」報告書です。

どこかおかしなところはないか、みなさんもクイズだと思って、ご自分で少し考えてみてください（詳しく文書の内容を知りたい方は、45ページの全文もご覧ください）。

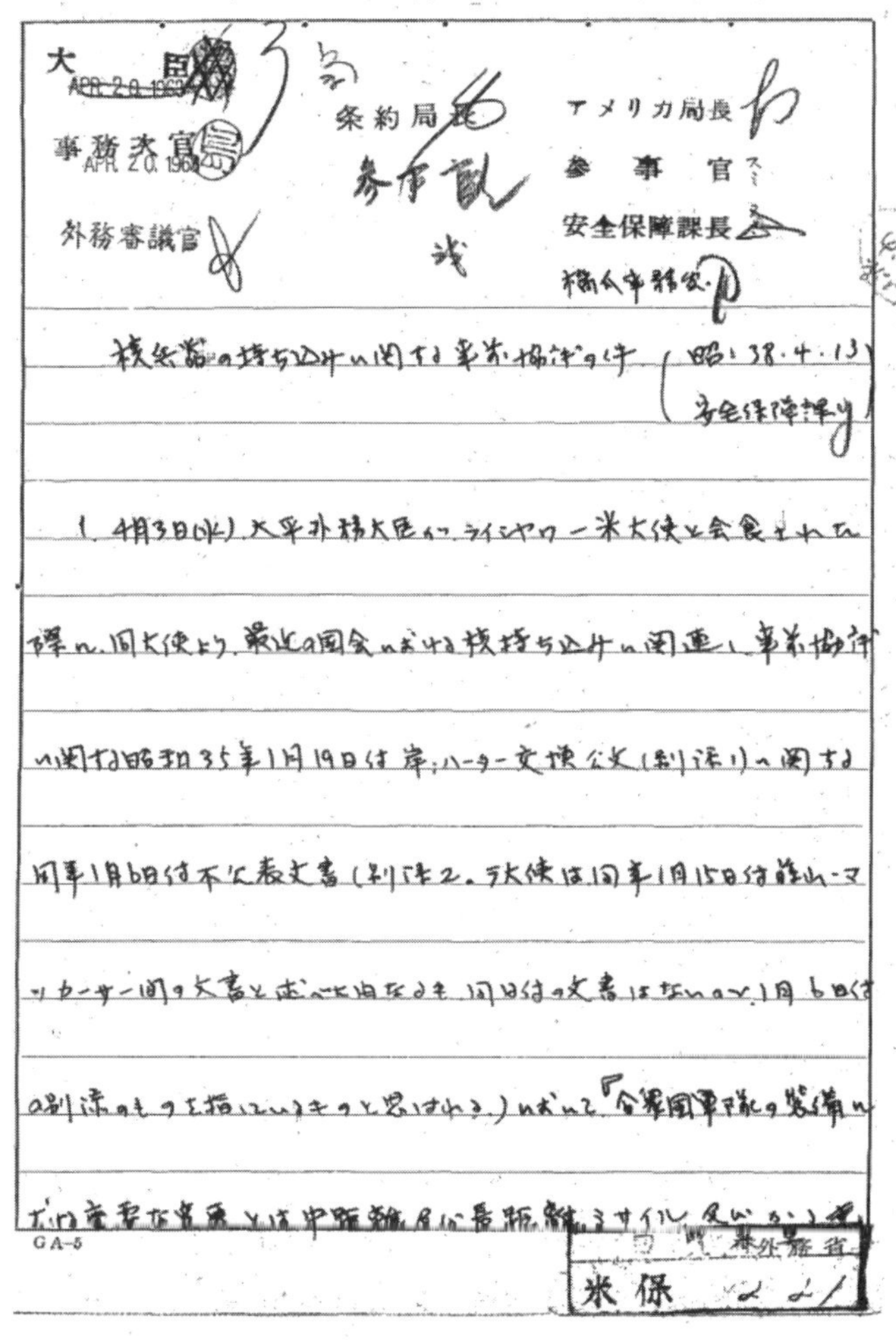

極秘

1部ノ内 1号

大臣 APR 20 1963

事務次官 APR 20 1963

外務審議官

条約局長

アメリカ局長

参事官

安全保障課長

核兵器の持ち込みに関する事前協議の件（昭38.4.13 安全保障課y）

1. 4月3日（水）大平外務大臣がライシャワー米大使と会食された際に、同大使より、最近の国会における核持ち込みに関連し、事前協議に関する昭和35年1月19日付岸・ハーター交換公文（別添1）に関する同年1月6日付不公表文書（別添2。大使は同年1月15日付藤山・マッカーサー間の文書と述べた由なるも、同日付の文書はないので、1月6日付の別添のものを指していたものと思われる。）において『合衆国軍隊の装備における重要な変更とは中距離及び長距離ミサイル及びかかる

GA-5

外務省

米保 221

【資料②-1】「核兵器の持ち込みに関する事前協議の件」（原本）

安全保障課yによる「極秘報告書」〈昭和38年4月13日〉（外務省「報告対象文書1−3」）

る兵器の基地建設を含め、核兵器の日本への持ち込み（introduction）を意味し、核弾頭を装備していない短距離ミサイルを含む非核兵器は含まぬものである」とされているところ、この「持ち込み」とは、核兵器の日本への"placement"を意味するものであり、核兵器を搭載した艦船・航空機が一時的に立ち寄ることは日本への持ち込みには当らないのではないかとの意向が表明された。

GA-6　外務省

2. その後当省において従来の対米交渉記録、国会議事録等を調べた結果

(イ) 核兵器の持込みに関する事前協議の合意は上記昭35.1.6.付 record of discussion 以外にはなく Introduction 自体の意味について特別の合意もない。

(ロ) 安保国会以来現在までの国会審議における政府側の答弁を検討したが「核弾頭の持込みは、いかなる場合にも、どんな短い期間でも事前協議の対象となる」旨の立場で一貫されている。

GA-6　　外務省

(ハ) Introductionの文言自体についてみても辞書(ウェブスター)

によれば之はplacement以前の段階を意味

する

ことが確認されたので　ラ大使の発言については

然るべき機会に上述のラインでコメントされては

如何かと思はれる。

GA-6　　外務省

いかがでしょう。ざっとご覧になって、なにかお気づきになりましたでしょうか。

そう。まず一枚めと二枚め以降で、文字の大きさがまったく違いますね。

私も最初にそこに気づきました。

一枚めの文字は極端に小さく、一行あたりの文字数が平均三三字。一方、二枚めは一七・五字と倍近い差がついています（左右全幅に文字がある行の平均。英文のある行は除く）。

同じひとつの公文書で、はたしてそんなことがありえるでしょうか。

どうもおかしい。しかもよく見ると、一枚めとそれ以降では筆跡も違うように思える。

しかし、もしこの文書が改ざんされていたら、それは大変なことなんじゃないのか？

そう思った私は、実際のところかなり迷ったのですが、結局安くはないお金を払って正式な文書鑑定を依頼することにしました。

するとその結果は、まったく意外なものだったのです。

「核兵器」という文字の鑑定

正式な鑑定書が届く前に、すぐに電話で結果を知らせてくれた鑑定研究所の代表は、最初にこう報告してくれました。

「これは非常に簡単な鑑定で、すぐに終わりました。一枚めと二枚めは、文字の大きさは違いますが、完全に同一人物のものです。逆にその一枚めと二枚めを書いた人物と、三枚めと四枚めを書いた人物は、まったくの別人です。疑いの余地はありません」

？？？？？

私が最初、文字の大きさがまったく違うことからあやしいと思った一枚めと二枚めの文書は、実は同じ人物が書いたもので、けれどもその一枚めと二枚めを書いた人物と、三枚めと四枚めを書いた人物は、まったくの別人だというのです！

しかし送られてきた鑑定説明書を読むと、たしかに疑いの余地はありませんでした。

その一番わかりやすい例として、まず文中の「核兵器」という字を見てみましょう。

この単語は左のように、四枚の文書のなかに計六回出てきます。

なかでも特徴のあるのが、一枚めと二枚めを書いた人物による「器」という字です。

1枚め	核兵器
2枚め①	核兵器
②	核兵器
③	核兵器
④	核兵器
3枚め	核兵器
4枚め	ナシ

ご存じのように、この文字は上下左右四つの「口」と、その中央にある「大」の字によって構成されています。しかし、ほとんどの人は下段にある二つの「口」を、「大」の字の下方、左はらいと右はらいの内側に収まるように書くはずです。

ところが左の拡大図を見てください。上の五つは「下段の二つの口」が必ず大きく外側に、はみ出ています。しかも「上段の二つの口」は四角形ではなく、「点のような筆画」で表されています。こんな文字を書く人は、めったにいないでしょう。

なので報告書の一枚めと二枚めを書いたのが同じ人物で、その人物と三枚めを書いた人物が別人だということは、この器という文字からだけでも、かなりの確率で証明できるとのことでした（実際には、全体で計一三個の文字が比較対照されていたのですが）。

1枚め

2枚め ① ② ③ ④

3枚め

4枚め

ナシ

「事前協議」という文字の鑑定

つぎにもうひとつの例として「事前協議」という文字を見てみましょう。これは四つの文字がすべて非常に特徴のある字なので、とてもわかりやすい例です。丸印で囲んだ部分を対照していただくとよくわかるのですが、一枚めと三枚めの「事」「前」「協」「議」には、それぞれすべて明確な違いがあります。

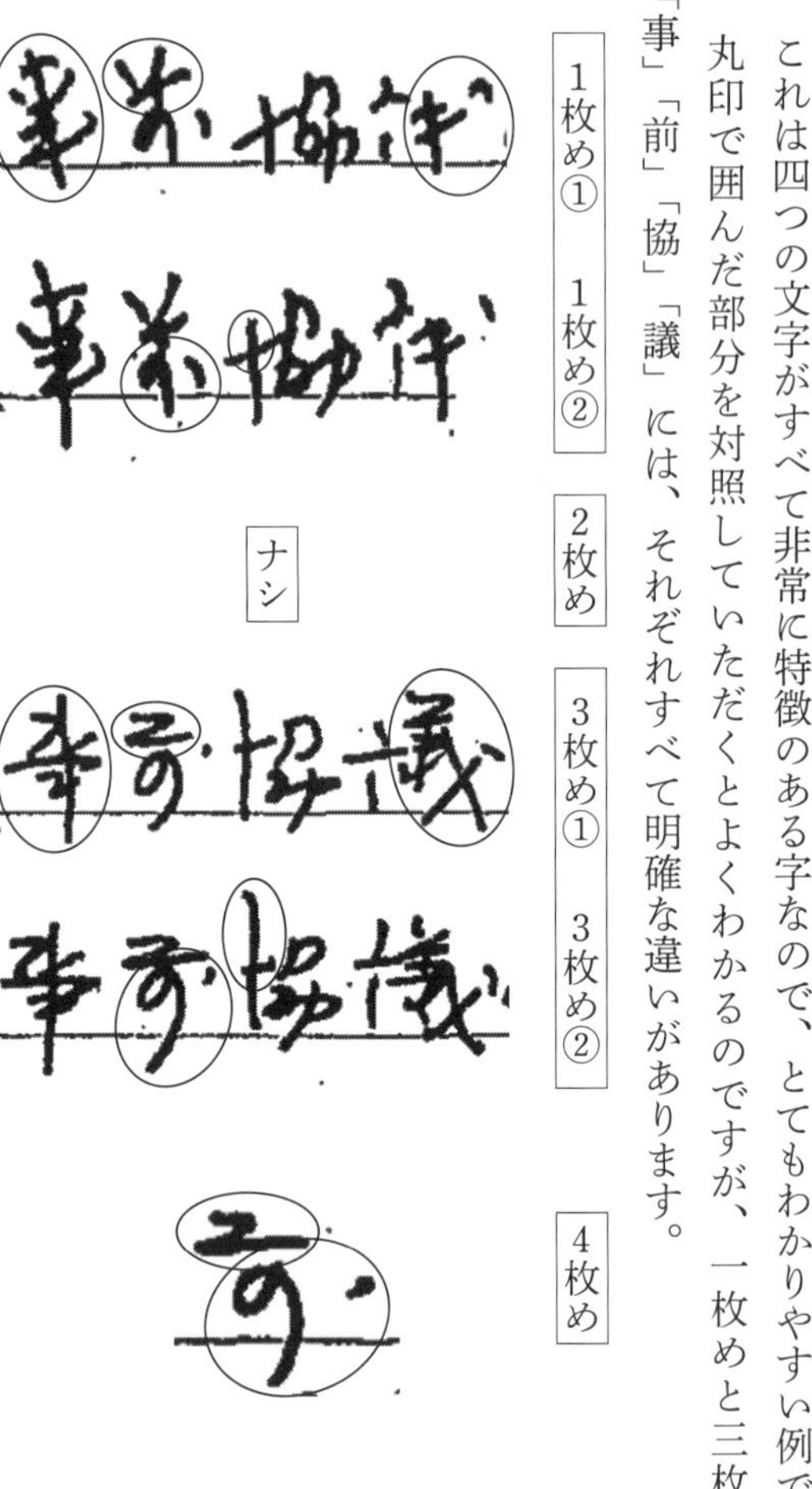

四枚めには残念ながら「事前協議」という単語は出てこないのですが、「前」という文字があり、ご覧のとおり非常に特徴的な書体で、しかも三枚めのものと完全に形が一致している。そのため、この一文字だけでもじゅうぶんに、三枚めを書いた人物と四枚めを書いた人物が同一人物であることがわかります。

不可思議な鑑定結果

つまり鑑定結果をまとめると、

①この核密約をめぐる最重要文書の、前半〔一枚めと二枚め〕を書いた人物と、後半〔三枚めと四枚め〕を書いた人物は、まったくの別人である。

②さらに、同じ人物が書いた前半のうち、一枚めと二枚めの文書は、なぜか明らかに意図的に字づめを変更して書かれている〔二枚めが、一枚めの倍近くの大きさの、ゆったりした字づめで書かれている〕。

③後半を書いた人物は、前半の文書に筆跡を似せるなどの意図的な工作はまったく行っていない。そのことは、二枚めの文書の右上に「2」と書かれているページ番号

が、後半の三枚めと四枚めには書かれていないことからも明らかである。

ということになります。

いったいこれらの事実は、なにを意味しているのでしょう。

そしてその背後には、日米の軍事上の密約をめぐる、どのような真実が隠されているのでしょう。

ここで少し予言しておきますと、この改ざんされた外務省の「極秘」文書の謎が解け、その背景がすべて明らかになったとき、みなさんは私たち日本人が現在陥っている苦境の正体と、それを解決するための手がかりを知ることになるはずです。

けれども、このきわめて複雑な問題を正しく理解していただくためには、みなさんにもう少し遠回りをしていただく必要があるのです。

【資料②－2】「核兵器の持ち込みに関する事前協議の件」（テキスト中の下線部は原文ママ）

（昭・38・4・13〔＝1963年4月13日〕 安全保障課y）

（1枚め）

1．4月3日＊（水）、大平外務大臣がライシャワー米大使と会食された際に、同大使より、最近の国会における核持ち込みに関連し、事前協議に関する昭和35年1月19日付 岸・ハーター交換公文（**別添1**）に関する同年1月6日付 不公表文書（**別添2**。ラ大使は同年1月15日付藤山・マッカーサー間の文書と述べた由なるも 同日付の文書はないので、1月6日付の別添のものを指しているものと思はれる）において、『合衆国軍隊の装備における重要な変更とは、中距離及び長距離ミサイル及びかか

（2枚め）

る兵器の基地建設を含め、核兵器の日本への持ち込み（introduction）を意味し、核弾頭を装備していない短距離ミサイルを含む非核兵器は含まぬものである』とされているところ、この「持ち込み」とは、核兵器の日本への“placement”を意味するものであり、核兵器を搭載した艦船・航空機が一時的に立ち寄ることは日本への持ち込みには当らないのではないかとの意向が表明された。

（3枚め）

2.** その後 当省において従来の対米交渉記録 国会議事録等を調べた結果

（イ）核兵器の持込みに関する事前協議の合意は 上記 昭35・1・6付、record of discussion 以外にはなく、Introduction自体の意味についての別段の合意もない。

（ロ）安保国会以来 現在までの国会審議における政府側の答弁を検討したが「核弾頭の持込みはいかなる場合にも、どんな短い期間でも事前協議の対象となる」旨の立場で一貫されている。

（4枚め）

（ハ）Introductionの文言自体についてみても辞書（ウェブスター）によれば之はplacement以前の段階を意味することが確認されたので「ラ」大使の発言については然るべき機会に上述のラインでコメントされては如何かと思はれる。

＊ 4月4日の誤り。まちがった理由は不明

＊＊このように、前半部分と後半部分の冒頭にはそれぞれ「1」「2」という数字が書かれており、同一文書内における連続性が示されているため、「後半部分にページ番号の記載がないことが、別文書の表示である」という、外務省側の予想される弁明は成立しないことをあらかじめ指摘しておきます

第二章

外務省のトップは、何もわかっていない

―― 三つの密約とその「美しき構造」について

「核兵器を搭載する米国艦船や米軍機の日本への立ち寄り（略）には、事前協議は必要ないとの密約が日米間にあった」

「〔その密約の趣旨を説明した〕紙は次官室のファイルに入れ、次官を辞める際、後任に引き継いだ」

村田良平（元外務事務次官・駐米大使）

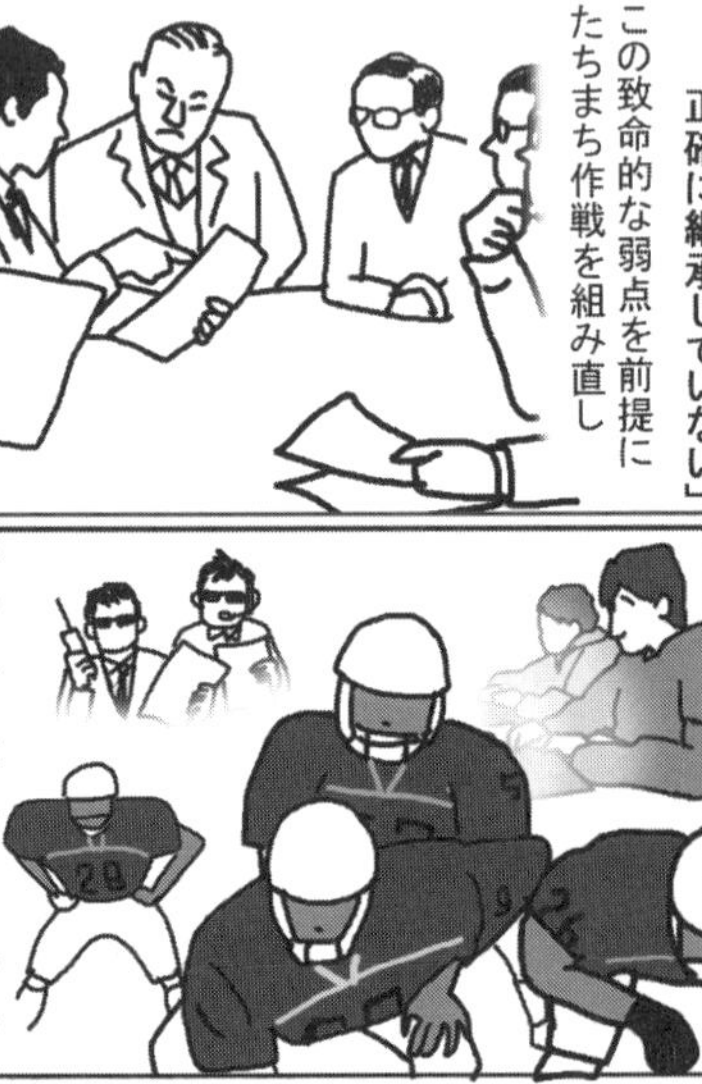

一方、迎え撃つ
日本の外交は…
まるで**騎馬戦!**

ぬおお
常に3~4人で
情報を独占し
しかも引き継がない
うおお

…これでは
百戦百敗になるはずである

日本の戦後史を振り返ってみると、アメリカとのあいだで国家の根幹に触れるような、本当の意味での外交交渉を行ったのは、左の三人の首相たちだけだったと言えるでしょう。

そしてそのとき日本が手にした成果と、そのウラ側で結ばれたおもな密約は、それぞれ次の通りです。

（首相）	（成果）	（密約）
吉田茂	占領の終結	指揮権密約（一九五二年と五四年）
岸信介	親米体制の確立	事前協議密約*／基地権密約／朝鮮戦争・自由出撃密約（一九六〇年）
佐藤栄作	沖縄返還	沖縄核密約／財政密約（一九六九年）

これらの対米交渉は、各首相たちの指示のもと、それぞれもちろん、もっとも優秀な外務官僚たちが担当しました。

＊ 一般には「核密約」と呼ばれています

「ミスター外務省」東郷文彦

なかでも第一章に登場した東郷文彦（一九一五〜八五年）は、岸の安保改定交渉を担当課長（安全保障課）として支え、佐藤の沖縄返還交渉を局長（北米局、アメリカ局）として主導し、その後は事務次官と駐米大使も歴任した、まさに「ミスター外務省」といってもいいような輝かしい経歴の持ち主です。*

その意味では、岸政権のもとで生まれ、佐藤政権の沖縄返還を経て現在までつづく「日米同盟」の〝奥の院〟について、ただひとり全貌を知る立場にあったのは東郷だけということになります。歴史家たちに、もっとも優秀な戦後の外交官は誰かと投票させれば、おそらく彼が1位となるでしょう。

しかし皮肉なことにその東郷が、結果として密約文書についての解釈と処理を誤り、前章で述べたような、現在までつづく大きな政治的混乱を生みだすきっかけをつくってしまったのです。

その経緯を、これからできるだけわかりやすくご説明したいと思います。

＊ 加えて第二次大戦の最末期には、義父である東郷茂徳外務大臣の秘書官として、終戦工作にも立ち会っています

村田良平元外務次官の証言――密約は明確に存在した

歴史の資料を読んでいると、突然、幕のうしろから舞台に現れ、驚くほど貴重な証言を残したあと、すぐに姿を消して立ち去っていく人に出会うことがあります。

実はそうした人たちは、自らの死期を悟った人物であることが多い。

日米密約の問題で、歴史上もっとも鮮やかな証言者となったのも、二〇〇九年に外務省の〝奥の院〟の実態についてきわめて率直に語り、翌年の三月には死去された元外務次官の村田良平氏でした。

なにしろ事務次官（一九八七～八九年）だけでなく、その後、駐米大使（一九八九～九二年）まで務めた、まさに外務官僚のピラミッド組織の頂点に位置する人物が、長年最大のタブーとされてきた密約問題について赤裸々に真相を語ったのですから、その影響の大きさには計り知れないものがありました。

その村田氏の証言のもっとも重要な舞台となったのが、福岡に本社のある大手ブロック紙、西日本新聞が一面すべてを使って掲載した、次のような大スクープ記事*だったのです。

☆　　☆

――核持ち込みに関する密約はあったのか。

「1960年の安保条約改定交渉時、核兵器を搭載する米国艦船や米軍機の日本への立ち寄りと領海通過には、事前協議は必要ないとの密約が日米間にあった。私が外務次官に任命された後、〔その文書を〕前任者から引き継いだように記憶している。1枚紙に手書きの日本語で、その趣旨が書かれていた。それを、お仕えする外務大臣にちゃんと報告申し上げるようにということだった。外部に漏れては困る話ということだった。**紙は次官室のファイルに入れ、次官を辞める際、後任に引き継いだ」**

――昨年〔2008年〕9月に出版した著書「村田良平回想録」（ミネルヴァ書房）で密約に触れている。[**] ためらいはなかったか。

「この際、正直に書くべきことは書いた方がいいと思い、意識的に書いた。（略）核について、へんなごまかしはやめて正直ベースの議論をやるべきだ。**政府は国会答弁などにおいて、国民を欺き続けて今日に至っている。だって、本当にそういう、密約というか、了解はあったわけだから」**

――90年代末、密約の存在を裏付ける公文書〔27ページの「討議の記録」のこと：詳しくは71ページ以下を参照〕が米国で開示されたが、日本政府は否定した。

「政府の国会対応の異常さも一因だと思う。いっぺんやった答弁を変えることは許されれ

ないという変な不文律がある。謝ればいいんですよ、国民に。微妙な問題で国民感情もあるからこういう答弁をしてきたと。そんなことはないなんて言うもんだから、矛盾が重なる一方になってしまった」

＊「米の核持ち込み「密約あった」村田元次官実名で証言」（二〇〇九年六月二八日）

＊＊すでにこの回想録のなかで村田氏は「「米国が協議して来ない以上〔核兵器の〕持込みは行われていません」との政府答弁は寄港、領海通行、領空については明らかに国民に虚偽を述べたと言わざるをえない」と証言していました

「東郷メモ」という超極秘文書

けれどもこの「外務次官になると必ず渡される引き継ぎ文書」の話を知ったとき、私はむしろホッとした思いがしたのでした。

「やっぱりそうだったのか。権力の〝奥の院〟には、そうした密約についてのきちんとしたマニュアルがあって、これまで何十年もずっと受け継がれてきたんだな」と。

第一章の冒頭でお話ししたとおり、日本の高級官僚に対する信頼感がまだかなり残っていた昭和世代の私は、単純にそう思ったのです。

日本には古くから、顕教（オモテの教え）よりも密教（ウラの教え）の方が上位にあると

いう社会的な伝統があり、その「密教」にアクセスできるものだけが、組織において真の権力を握る。戦後、日米間で結ばれた軍事上の密約こそは、まさしくその密教そのものであり、エリート中のエリートである外務省の幹部たちによって、これまで厳重に管理されてきたのだなと。

けれどもその後、村田元次官の証言がきっかけとなって行われた民主党政権下の密約調査で、解禁されたその「極秘文書」を見たとき、今度は大きな失望を味わうことになったのです。

というのも、村田元次官がその遺言ともいえるメッセージのなかで触れていた、歴代の外務次官が引き継ぎ、それをもとに何十年も外務大臣や首相に「ご進講」が行われていたという問題の文書とは、左ページのようなかなり不格好なものだったからです。

これこそが、本章の冒頭で紹介した「ミスター外務省」東郷文彦が、いまから半世紀前の一九六八年一月二七日、混乱をきわめた「核密約問題」に終止符を打つべく書き残した渾身の極秘文書、いわゆる「東郷メモ」*だったのです。

＊左は全八ページある「東郷メモ」の一ページめ。二ページめの欄外にまで、おそらく歴代の北米局長が書き込んだ、次官から首相や大臣への説明の記録が残されている（外務省「報告対象文書１－５」）（全文↓２７３ページ）

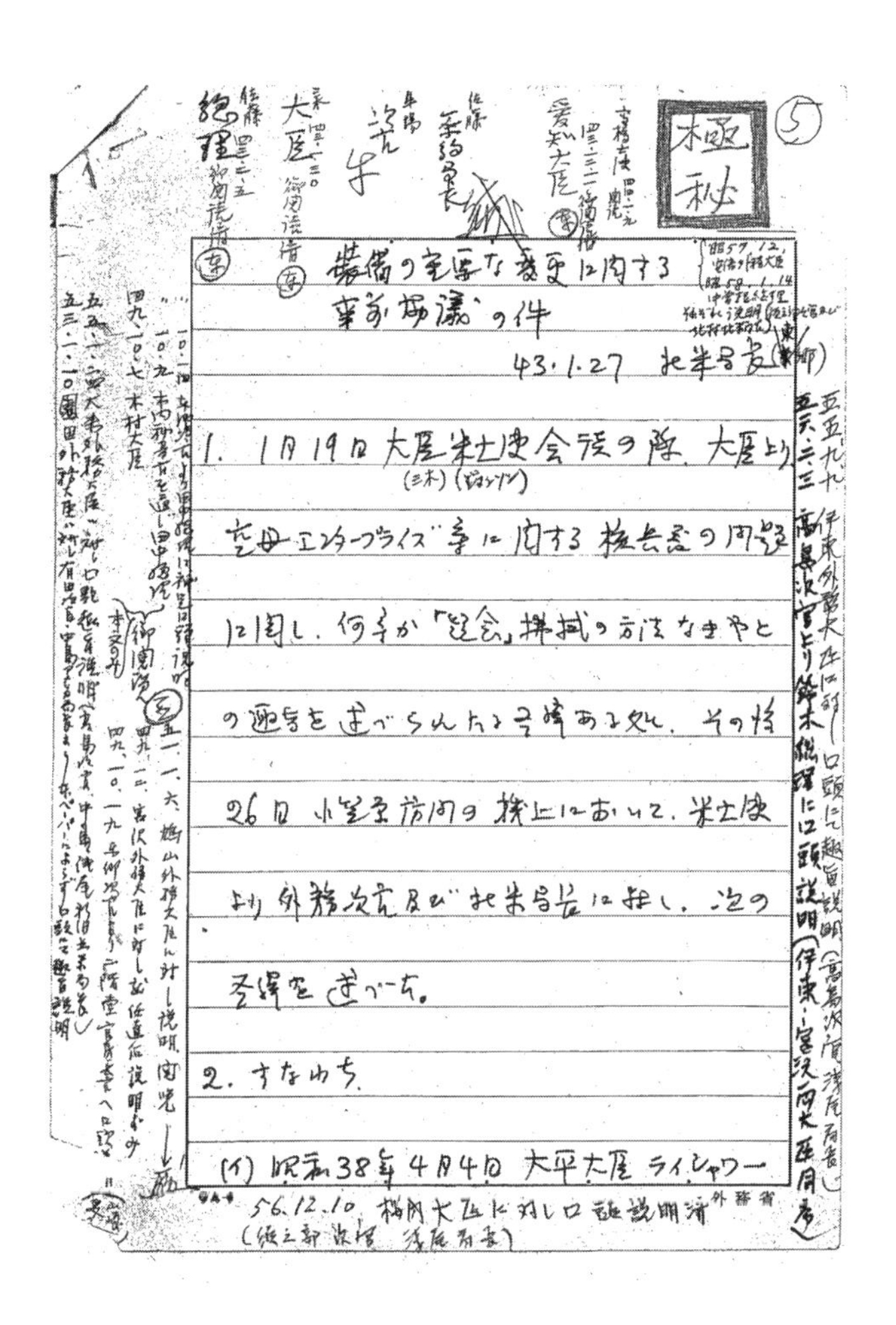
極秘

装備の重要な変更に関する
事前協議の件

43.1.27 北米局長（東郷）

1. 1月19日大臣米大使会談の際、大臣より（三木）（ジョンソン）
空母エンタープライズ寄港に関する核兵器の問題に関し、何らか「認否」拒否の方法なきやとの趣旨を述べられたる経緯ある処、その後26日小笠原返還の機上において、米大使より外務次官及び北米局長に対し、次の趣旨を述べた。

2. すなわち、

(イ) 昭和38年4月4日 大平大臣 ライシャワー

56.12.10 桜内大臣に対し口頭説明済

外務省

【資料③】東郷メモ

正式文書名は「装備の重要な変更に関する事前協議の件」。東郷北米局長による「極秘文書」〈昭和43年1月27日〉（外務省「報告対象文書 1－5」）

北米局長が管理していた密約文書

「この文書は北米局長が預かっていたのです。**北米局長室に金庫がありまして、その金庫に保管したのです。**（略）外務大臣、総理が代わりますと、次官は北米局長にあの書類を持ってきてくれと言う。〔言われた〕北米局長がその書類を次官に渡して、局長が同席した場合もあるし、（略）次官が単独で大臣、総理に説明をしたこともある」

「「東郷メモ」の欄外にずらっと政治家の名前がありましょう。（略）歴代事務次官がいつ、どの大臣、総理にこの中身を説明したかがずっと欄外に書いてあるわけです」

　これは村田氏の次に事務次官となり、その後、やはり駐米大使も務めた栗山尚一（たかかず）氏の証言です（『沖縄返還・日中国交正常化・日米「密約」』岩波書店）。

　たしかに東郷メモの欄外の書き込みは、東郷北米局長自身による「三木大臣 御閲読済(東)」という一九六八年（昭和四三年一月三〇日）の書き込みで始まり（前ページ図版左上）、有馬（龍夫）北米局長による「三塚大臣へ口頭にて説明済（村田次官より）」という一九八九年（平成元年六月一五日）の書き込みで終わっています*（二枚め）。

　けれども私がこの文書を見て驚いたのは、なにより文面があまりに乱雑だということ

でした。文字が読みにくいうえに欄外に書き込みがあり、内容にもいくつも間違いがある（→275ページ）。

「これが本当に外務省一のエリート官僚が書いた最高機密文書なのか？」
「この文書を本気で後世に引き継ぐつもりがあったのか？」
と思ったのです。

＊その次に次官となった条約局出身の、やはり超エリート外務官僚である栗山氏が、この「東郷メモ」の要点を簡潔にまとめた「栗山メモ」（全文→277ページ）をつくり、「東郷メモ」に添付しています。「栗山メモ」には、一九八九年八月に栗山がメモの内容を中山太郎外務大臣と海部俊樹首相に説明したことが書かれています。しかしその後は非自民党政権（細川護熙内閣）の誕生やアメリカの核戦略の変更（「ブッシュ・イニシアティブ」→32ページ）もあり、「次官が必ず首相と外務大臣に説明する」という慣例は姿を消したようです

外務省には「過去の歴史の共有がない」

戦後の外務省最大のスターである東郷に対してこういう表現をすると、気分を害する人もいるかもしれません。

けれどもひとつはっきりと言えるのは、この日本を代表する外務官僚が書いた、しかも四〇年間も北米局の金庫に隠されていた究極の「極秘文書」をめぐる歴史のなかに、

日本の外務省ひいては霞が関全体の欠点と、冷戦の終結後、なぜ日本という国がこれほどまでに進路を見失い凋落しつづけているかの原因が、凝縮されているということです。

これは複数の外務官僚の方たちから聞いた話ですが、外務省には日米安保や北朝鮮問題といった重要な機密については、「次官、局長、担当課長」の三人だけが知っていればいいという伝統があるそうです。

しかしその伝統には、非常に重大な欠陥がある。当然の結果として、外務省内での情報の共有がまったく行われていないというのです。

とくに深刻なのは、過去の歴史的事実の共有がないということ。省内の重要なポストはどれもほぼ二年で交代するため、そのポストにいるときだけは最高の情報が集まる。しかし、ほかの時期のことはわからない。局長や次官といえどもそれは同じで、自分がそのポストにいないときの知識は、基本的に持っていないというのです。

そもそも村田元次官でさえ、引き継ぎ文書に関して「1枚紙にその趣旨が書かれていた」(↓52ページ)と述べており、この全八ページの「東郷メモ」ではない、なにか別の「まとめのメモ」を見て首相や大臣に説明していたことがわかります。北米局長や条約局長を経由せず、経済局長から次官になった村田氏に対し、「東郷メモ」を管理していた有馬北米局長がその内容をどこまで説明していたかさえ不明なのです。

「アメリカン・フットボール」対「騎馬戦」

ここに現在、混迷を深める日本の社会と外交を立て直すための、大きなカギが隠されているような気がします。過去の歴史的事実がきちんとわかっていなければ、もちろん現状について分析することも、未来についての対策をたてることもできない。

加えてなによりも、これほど明らかな弱点を持つ交渉相手に対し、アメリカの外交担当者がその弱点を徹底的に分析し、利用してこないはずがないのです。この核密約をめぐる日米のドタバタ劇を冷静に眺めていくと、アメリカ側が一見困惑した顔をしながらも、日本側の最大の弱点である情報の歴史的断絶状態につけこんで、自分たちに必要な軍事特権をどんどん奪いとっていった様子がよくわかります。

アメリカの外交を表現する言葉として、よくそれは「アメリカン・フットボール型」だと言われることがあります。

つまり、フィールドの上には多くのプレイヤーがいて、フォーメーションに従って陣形を組んでいる。さらにバックヤードには戦況を分析する多くのスタッフがいて、過去のデータに基づいて作戦を立て、次の「最善の一手」を無線で指示してくる。事実、重要な外交交渉の前には、驚くほど緻密な調査レポートがいくつも作成されていきます。

一方、日本の外交はといえば、非常に残念ですが記録を読むかぎり、それは「騎馬戦型」だと言わざるをえないのです。

もちろん個人の能力としては非常に優秀な人たちなのでしょうが、つねにトップの方のほんの三〜四人だけが騎馬を組んで戦う。高度な情報はすべて彼ら数名が独占し、その他のスタッフたちとも共有せず、密室で作業する。**けれども過去の正確なデータは、きちんと収集・分析することができないし、また彼ら自身もあとには伝えない。**

同じく数人が独占する「情報断絶状態」にあったため、
それでは、きびしい交渉に勝てるはずがないのです。

ジョン・F・ダレス国務長官やマッカーサー駐日大使など、日本の交渉相手だったアメリカの最高の外交官たちは、アメリカン・フットボールというよりも、むしろそのモデルとなった「戦争」そのものとまったく同じ感覚で、相手国を分析し、作戦を立てています。その彼らに対して、正確な地図も過去のデータも、後方支援部隊との通信手段も、なにも持たずに立ち向かっていっても百戦百敗になるのは当たり前の話なのです。

〝日米同盟の御神体〟

もっともよく考えてみると、なぜ重要な機密については「次官、局長、担当課長」の三人だけが知っていればいいという伝統が外務省に生まれたかといえば、それは二度の「日米安保」をめぐる密室での交渉が原因であり、なかでも安保改定時に交わされたこの核密約が、直接の原因となった可能性が非常に高いのです。

外務省北米局の金庫に保管され、北米局長が金庫のカギを管理し、次官が新しい総理大臣と外務大臣には必ずその内容を説明するという「密室の儀式」を生んだ極秘文書。

この「密教」にアクセスできる立場にあった北米局と条約局のエリートたちが、その後長らく外務省の権力構造のなかで、次官や駐米大使といった最高ポストを手にしつづけたことは事実です。

けれども「幽霊の正体見たり　枯れ尾花」ではありませんが、祠の扉を開いてみれば、なかに安置されていたその〝日米同盟の御神体〟は、かなりお粗末なものだったと言わざるをえないのです。

公文書公開の重要性

ともあれ、ここまでの説明で私たちは、戦後の日米外交の「最大の闇」であるアメリカとの核密約について、

○一九六三年四月の「改ざん文書」〔第一回大平・ライシャワー会談の記録〕

○一九六八年一月の「東郷メモ」〔外務省北米局が管理する「密教の経典」〕

という、ふたつの最重要文書の原本を目にすることができました。

これはまちがいなく、二〇〇九年九月から翌年三月にかけて行われた、民主党政権下における密約調査の非常に大きな成果です。その結論となった「有識者委員会による調査報告書」は、あとで触れるように非常にお粗末なものでしたが、**そうやって不完全でも本物の公文書が公開されていけば、歴史の解明は着実に進んでいくのです。**

そしていま、私たちには最後にもうひとつ、どうしても原資料を見なければならない最重要文書が残されています。それはもちろん、右のふたつのような外務官僚の書いた報告書ではなく、日米の代表がサインをかわした「密約の原本」そのものです。

けれどもみなさんにはその前に、もうひとつだけ回り道をしていただきます。

このあまりに重要な、「密約のなかの密約」とでもいうべき超極秘文書のもつ意味を正しく知っていただくためには、

「そもそも改定前の旧安保条約とは、いったいどんな取り決めだったのか」

ということを、簡単におさらいしておく必要があるからです。

難解な条文

私は安保条約についての本を書くようになってから、いわゆる「六〇年安保」世代の方たちと、ときどき対談させていただくようになりました。

そうしたときに、みなさん口をそろえておっしゃるのは、

「安保反対運動は激しかったけれど、安保条約の条文なんか、誰も読んでなかった」

「ただ元戦犯容疑者の岸が変なことをやろうとしていたので、全力で反対してたのだ」

ということです。

その雰囲気はとてもよくわかります。条文というのは難解で、最初は読んでも意味がまったくわかりません。私も八年前に沖縄の基地問題について調べ始めるまで、安保条

約の条文など、生まれてから一度も読んだことがありませんでした。

けれども少し視点を変えて、私たち日本という国に住む人間の基本的人権が、なぜ現在、米軍に対して失われてしまっているのか。

なぜ二一世紀のいま、米軍は自分たちの国では絶対できない危険な低空飛行訓練を、他国である日本の上空では行うことができるのか。

いったい、いつ私たちは、そうした権利を彼らに与えてしまったのか。

そうしたシンプルな疑問をいくつも頭に思い浮かべながら読んでいくと、日米安保の条文の持つ本当の意味が、少しずつ理解できるようになったのです。

世界一簡単な日米安保条約の解説

それでは私がここで、六〇年安保の担い手だった大先輩のみなさまに捧げるべく、「世界一簡単な日米安保条約の解説」をしてみることにいたします（原文→66ページ）。

まず一九五二年に占領が終わると同時に発効した旧安保条約。その条文はたった五条しかなく、しかも本当に意味のある条文は左の三つだけでした（以下、著者による要約）。

第1条　アメリカは米軍を日本およびその周辺に配備（ディスポーズ）する権利を持つ。
第2条　日本はアメリカの事前の同意なしに、基地とその使用権、駐兵と演習の権利、陸軍、空軍と海軍の通過の権利を他国にあたえてはならない。
第3条　米軍を日本およびその周辺に配備する条件は、日米両政府のあいだの行政上の協定で決定する。

ひとつずつ、英語の条文を見ながら説明していきましょう。

まず第1条には、アメリカは、
「米軍を日本およびその周辺に配備（ディスポーズ）する権利を持つ」
と書かれています。これこそが日米安保におけるもっとも重要な条項であり、占領期から現在までを貫く日米関係の本質なのだということを、私はこれまで自分の著書のなかで繰り返し述べてきました。

つまりアメリカは日本の国土のどこにでも基地を置いて、そこから自由に国境を越えて軍事行動ができるということです。それこそが、米軍を「日本およびその周辺（in and about Japan）に配備する権利」という言葉の意味なのです。

【資料④】旧安保条約の条文（日本語の原文／前文他は省略）

第1条　平和条約及びこの条約の効力発生と同時に、アメリカ合衆国の陸軍、空軍及び海軍を**日本国内及びその附近に配備する権利を、日本国は、許与し、アメリカ合衆国は、これを受諾する。この軍隊は、極東における国際の平和と安全の維持に寄与し、**並びに、1又は2以上の外部の国による教唆又は干渉によつて引き起された日本国における大規模の内乱及び騒じようを鎮圧するため日本国政府の明示の要請に応じて与えられる援助を含めて、**外部からの武力攻撃に対する日本国の安全に寄与するために使用することができる。**

第2条　第1条に掲げる権利が行使される間は、**日本国は、アメリカ合衆国の事前の同意なくして、基地、基地における若しくは基地に関する権利、権力若しくは権能、駐兵若しくは演習の権利又は陸軍、空軍若しくは海軍の通過の権利を第三国に許与しない。**

第3条　**アメリカ合衆国の軍隊の日本国内及びその附近における配備を規律する条件は、両政府間の行政協定**（administrative agreements）**で決定する。**

第4条　この条約は、国際連合又はその他による日本区域における国際の平和と安全の維持のため充分な定をする国際連合の措置又はこれに代る個別的若しくは集団的の安全保障措置が効力を生じたと日本国及びアメリカ合衆国の政府が認めた時はいつでも効力を失うものとする。

第5条　この条約は、日本国及びアメリカ合衆国によつて批准されなければならない。この条約は、批准書が両国によつてワシントンで交換された時に効力を生ずる。

三つの特権

次が第2条です。

ここではいまご説明したアメリカの軍事特権、つまり第1条の「米軍を配備する権利」という言葉がいったいなにを意味しているのかが、「それを他国（第三国）にあたえてはならない」という逆説的な表現によって説明されています。それが次の三つです。

①「日本に基地を置き、それを独占的に使用する権利」

②「日本に兵士を置き、軍事演習を行う権利」

③「米軍の部隊（陸海空軍）が日本を通過（トランジット）する権利〔＝日本の国境を越える権利〕」

ちなみにこのような、

「基本原則〔第1条〕」→「その具体的な内容の列記〔第2条〕」

という条文の構成は、アメリカ側が法的文書をつくるときのお得意のパターンであり、このあと何度も登場しますのでよく覚えておいてください。


「米軍と日本の官僚の合意」


そして第3条。

「米軍を日本およびその周辺に配備する条件は、日米両政府のあいだの行政上の協定で決定する」（日本語の条文では「両政府間の行政協定で決定する」）

これも非常に重要な条文です。なぜならここでは、アメリカが第1条と第2条で確保した米軍の軍事特権については、今後、国会〔立法府〕をいっさい関与させず、すべて政府〔行政府〕と政府〔行政府〕による「行政上の協定（administrative agreements）[*]」という形で、具体的に運用していくのだという基本方針が宣言されているからです。

明らかに日本の憲法に違反する米軍の危険な軍事訓練が、現在なぜ日本でなんの規制もなくどんどん行われているかといえば、両国の政府さえ合意すれば議会を通さずなん

でもできてしまうという、この法的な構造が原因なのです。

しかも日本の場合は、そこにさらに重大な問題が隠されています。

この条文に書かれた「政府と政府の合意」というのは、日本の場合は他の国とは違って、「米軍と日本の官僚の合意」を意味することになるからです。

その舞台となっているのが、占領期の日米関係をそのまま引き継ぐ形で誕生した、問題の「日米合同委員会」なのです。

＊ アメリカ政府の通常の用語では、"executive agreement"。行政府の長であるアメリカ大統領が、議会を通さず他国と結べる法的な取り決めのジャンルを意味しています

日米合同委員会という〝最大の病根〟

すでに多くの方がご存じのとおり、この「日米合同委員会」という米軍と日本の官僚との非公開の協議機関こそが、「戦後日本」の〝最大の病根〟となっているのです。

世界には、米軍の駐留する国が数多くあります。そうした米軍の活動について、両国の政府が協議するための「合同委員会」も、それぞれの国に存在します。

けれども、日本以外の国の合同委員会のアメリカ側代表は、すべて外交官であるアメ

リカ大使館の公使が担当しています（その多くは大使館の№2である首席公使）。そして原則として、基地を提供する国の国内法が駐留米軍に適用され、それが適用されない特別なケースだけが、例外的な特権として地位協定に定められている。

ところが日本の日米合同委員会だけは、アメリカ側の代表や代表代理、各委員会のメンバーが、ほぼすべて在日米軍の軍人だというきわめて異常な状態にあるのです。

加えて日本の外務省は現在、世界でただ一ヵ国だけ、

「駐留外国軍（米軍）には原則として、受け入れ国（日本）の国内法は適用されない」

という理解不能な立場をとっているため＊（→198ページ）、**日米合同委員会の密室で米軍と日本の官僚が合意したことが、すべてそのままノーチェックで実行される。しかもその合意事項と議事録は非公開となっているため、そこで本当はなにが合意されたのかさえ、まったくわからない。**＊＊そのような、レトリックではない現実としての「占領体制」が、いまだに継続している状況にあるのです。

以上が旧安保条約の骨格であり、その後「改定」されてできたはずの新安保条約のなかに、ほぼそのまま受け継がれて現在までつづく、日米関係の本質だといえるのです。

＊「一般国際法上、駐留を認められた外国軍隊には特別の取決めがない限り接受国（＝受入国）の法令は適用されず、

このことは、日本に駐留する米軍についても同様です」（外務省ＨＰ）

＊＊現在公開されているのは、意図的な削除や変更がいくらでも可能な「要約」にすぎません

原文で読む四つの密約条項

はじめてこのような話を聞いた方は少し驚かれたかもしれませんが、ひとまずこれで旧安保条約の条文についての説明を終わります。

以上の内容を頭に入れてもらった上で、いよいよ問題の密約文書を見てみましょう。

☆　☆

一九六〇年一月六日に、藤山外務大臣とマッカーサー駐日大使によってサインされた問題の密約文書「討議の記録」とは、73、75ページのような全体で二ページほどの短いものでした（残念ながら、両者のサインが入った本当の原本は発見されていません）。

密約というのは難解でわかりにくいものが多いので、これまで私は自分の本の読者の方に、原文そのものを読むことは、あまりおすすめしてきませんでした。

けれどもこの文書とそのなかに書かれた四つの密約条項だけは、このあと約六ページにわたって、その原文を読んでいただくことにします。なぜならこの四つの密約条項の

正確な理解こそが、私たち日本人がいま陥っている〝政治的迷路〟から抜け出すために、もっとも必要なことだと私は考えているからです。

新安保条約の正式文書となった「密約文書の第1項」

国と国とが取り決めを結ぶひとつの形式として、表だって条約や協定のなかには入れにくい内容を、国会の承認がいらない議事録や往復書簡（「交換公文」と呼ばれます）のかたちにして、そこに両政府の代表がサインをするという方法があります。

これから原文を読んでいく「討議の記録（レコード・オブ・ディスカッション）」という名の密約文書は、その「交換公文」と「議事録」という形式を使って作られた、非常に興味深いかたちの密約です。

というのも、それは左の文書の通り、第1項に「交換公文の本文」、第2項に「その解釈」が書かれた一種の議事録のかたちをとっているのですが、そのなかの第1項だけは公表されて新安保条約の正式な付属文書となり、第2項は公表されずにそのまま密約になったという、かなり珍しいパターンのものだからです。

私がなぜこの密約文書に強く興味をひかれるかというと、そこには「オモテの条文＋ウラの取り決め」という密約の本質（＝基本構造）が、ひとつの文書のなかで丸ごと綺麗

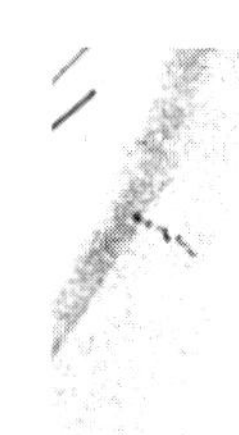

CONFIDENTIAL

TREATY OF MUTUAL COOPERATION AND SECURITY
RECORD OF DISCUSSION

Tokyo, January 6, 1960.

1. Reference is made to the Exchange of Notes which will be signed on January 19, 1960, concerning the implementation of Article VI of the "Treaty of Mutual Cooperation and Security between the United States of America and Japan", the operative part of which reads as follows:

第1項本文部分

"Major changes in the deployment into Japan of United States armed forces, major changes in their equipment, and the use of facilities and areas in Japan as bases for military combat operations to be undertaken from Japan other than those conducted under Article V of the said Treaty, shall be the subjects of prior consultation with the Government of Japan."

第2項

2. The Notes were drawn up with the following points being taken into consideration and understood:

a. "Major changes in their equipment" is understood to mean the introduction into Japan of nuclear weapons, including intermediate and long-range missiles as well as the construction of bases for such weapons, and will not, for example, mean the introduction of non-nuclear weapons including short-range missiles without nuclear components.

【資料⑤】「討議の記録（レコード・オブ・ディスカッション）」
この密約文書のうち、第1項の点線内だけが公開されて新安保条約の正式な付属文書である「岸・ハーター交換公文」(「新安保条約第6条の実施に関する交換公文」)となり、第2項のabcd4つの条項が非公開の密約となりました(外務省「報告対象文書1－3」の「添付文書」)

に表示されているからです。

では、「オモテの条文」部分であるその第1項から見ていきましょう。

最終的にこの「討議の記録」から切り出され、新安保条約の正式な付属文書（「岸・ハーター交換公文」）となった第1項の内容は、次のようなものでした。

〈米軍の日本国内における、
「配置（デイプロイメント）＊上の重要な変更」
「装備上の重要な変更」
「他国への軍事攻撃（ミリタリー・コンバット・オペレーション）（日本が攻撃された場合以外）」
という三種類の軍事行動については、日本政府との事前協議の対象とする＊＊〉

＊　この「配置（デイプロイメント）」という言葉は、先に触れた旧安保条約・第1条の「配備（デイスポーズ）」とほぼ同じ意味です。

＊＊これは英文からの著者の要約。「岸・ハーター交換公文」の日本語の原文は次の通りです。
「合衆国軍隊の日本国への配置（デイプロイメント）における重要な変更、同軍隊の装備における重要な変更並びに日本国から行なわれる戦闘作戦行動（ミリタリー・コンバット・オペレーション）（前記の条約第5条の規定に基づいて行なわれるものを除く。）のための基地としての日本国内の施設及び区域の使用は、日本国政府との事前の協議の主題とする」

- 2 -

b. "Military combat operations" is understood to mean military combat operations that may be initiated from Japan against areas outside Japan.

c. "Prior consultation" will not be interpreted as affecting present procedures regarding the deployment of United States armed forces and their equipment into Japan and those for the entry of United States military aircraft and the entry into Japanese waters and ports by United States naval vessels, except in the case of major changes in the deployment into Japan of United States armed forces.

d. Nothing in the Exchange of Notes will be construed as requiring "prior consultation" on the transfer of units of United States armed forces and their equipment from Japan.

Aiichiro Fujiyama

Douglas MacArthur II

四つの密約条項となった「密約文書の第2項」

そしてつづく第2項（73・75ページ）が、問題の「密約部分」です。これは第1項（オモテの条文）が意味する本当の内容（＝ウラの取り決め）について詳しく説明したもので、「abcd（以下、ABCDと表記）」の四つの条項に分かれています。

少し複雑なので、ここで一度、図にしておきましょう。

「討議の記録」（第1項）　　（第2項ABCD）　　（1960年1月6日）

←　岸・ハーター交換公文（同年1月19日）
（新安保条約の正式な付属文書）

←　「事前協議密約」（または「核密約」）（同年1月6日）
（非公開文書＝密約）

前に説明した旧安保条約の第1条・第2条と同じく、この「討議の記録」もやはり、

「基本原則〔第1項〕」　↓　「その具体的な内容〔第2項ABCD〕」

という構成になっているのですが、珍しいのはすでに述べたように、第1項は公開されて正式文書となり、第2項は公開されずに密約になったというところなのです。

軍事上の特権について、トータルに定義した密約

これから原文をお読みいただくとわかる通り、この「討議の記録」はけっしてその通称だった「核密約」についてだけの取り決めではありません。

それは「日本国内での米軍のどういう行動が、日本政府との事前協議の対象になるか」について具体的に定めたもの──逆にいえば「米軍が日本国内でなにができるかという軍事上の特権について、トータルに定義したもの」だといえるのです。

第2項にある四つの密約条項（ABCD）は、すべて第1項の文中で使われている用語を厳密に定義することで、事前協議が必要な範囲を狭めるための取り決めです。

つまりこの四つの密約条項は、安保改定にあたって日米関係に対等性をもたらすと大きく宣伝された事前協議制度の、いわば「適用除外条項」だといえるでしょう。

すべて非常に重要な条項ですので、これからひとつずつ解説していくことにします。

まず第2項の冒頭には、

「〔岸・ハーター交換〕公文は、以下の点を考慮に入れ、かつ了解のうえで作成された」

と書かれており、そのあとにABCDという次の四つの条項がつづいています。

「持ち込み（イントロダクション）」についてのトリック

（A）〔第1項の文中の〕「装備における重要な変更」とは、中・長距離ミサイルやそのための基地の建設を含む、*核兵器の日本国内への、**持ち込み（イントロダクション）を意味する。たとえば核を搭載しない短距離ミサイルなど、非核兵器の持込みは意味しない。

事前協議の対象となる「米軍の装備の重要な変更」とは、すなわち「核兵器についての変更」のみを意味するということ。具体的には「中・長距離ミサイル」と「そのための基地の建設」を含む「**核兵器の持ち込み（イントロダクション）**」だけが対象となることが書かれています。

普通に読めば「核ミサイルの陸上基地への配備」だけを事前協議の対象とするという意味だとわかるはずのこの条項を、なぜ日本の外務官僚たちが「核兵器を積んだ船や飛行機の一時的な進入（エントリー）」まで事前協議の対象になると誤解してしまったのか。

そこに仕掛けられていたアメリカ側のトリックが、このあと半世紀以上におよぶ日本外交の大混乱の原因となっていくわけです（→第四章）。

＊　一般に「～を含む」と訳されるこの“including”（→73ページ「第2項」）は、「～をともなう」と訳すことも可能です

＊＊のちにマッカーサー大使はこの"into (Japan)"が「(日本の)陸上への」という意味だったと述べています。(「日本は「核密約」を明確に理解していた」飯山雅史「中央公論」二〇〇九年一二月号)

イラクでさえ厳重に禁止している自由出撃の許可

> (B)〔第1項の文中の〕「他国への軍事攻撃(ミリタリー・コンバット・オペレーション)」とは、日本国内から直接開始(イニシエイト)される国外への攻撃を意味する。

事前協議の対象となる「他国への軍事攻撃(ミリタリー・コンバット・オペレーション)」とは、「米軍が日本国内の基地からダイレクトに他国を攻撃する」ケースだけを意味しており、どこか国外の基地を一度でも経由する場合は、事前に協議をしなくてもいいという意味です。

しかもその「どこか国外の基地」には、この時点でまだ復帰前だった沖縄の基地も含まれているわけですから、つまり、ほとんどなんの歯止めもないということです。

そして実際に在日米軍は沖縄の復帰後も、嘉手納や三沢、そして横須賀や佐世保から、アメリカが関与する世界中の戦争に自由に出撃していることは、周知の事実です。

ですからこの第2項B(と、このあとのD)こそが、基地に関する多くの日米の取り決めのなかでも、もっとも深刻な主権喪失条項といえるのです。なぜならこの合意があるかぎり、米軍の判断だけで日本の基地から勝手に戦争を始めることができ、結果として日本が自動的に「参戦」させられてしまう危険性がつねに存在するからです。

たとえばあの二〇〇三年のイラク戦争で、たった一ヵ月でボロ負けしたイラクでさえ、戦後アメリカと結んだ地位協定（「米・イラク地位協定」）のなかでは、

「米軍が他国を攻撃するためのルートもしくは出撃地点として、イラクの領土、海域及び空域を使用することは許されない」（第27条3項）

と、はっきりそれを禁止しているのです。

同じくアメリカに戦争で負けた経験を持つドイツやイタリア、アフガニスタンなどでも、駐留する米軍が出撃するときは、必ずその国の許可がいります。戦勝国であろうと敗戦国であろうと、戦争が終わればすべての独立国は国際法上、対等な主権国家なのですから、当たり前の話なのです。そのことを思えば、現在の日本の状況がいかに世界の常識からかけはなれた、異常きわまりないものであるかが、わかるはずです。

「旧安保条約＝新安保条約」という基本コンセプト

> （C）〔第1項の文中の〕「事前協議」とは、米軍の重要な配置（デイプロイメント）の変更以外は、その部隊と装備の日本への配置や、米軍機の飛来（エントリー）、米国艦船の日本領海や港湾への進入（エントリー）についての現行の手続き（プレゼント・プロシージャ）に影響を与えないものとする。

「核密約」の問題で、もっとも取り上げられることが多いこの第2項Cですが、その内容は簡単にいうと、Aの内容をより細かく列挙したものです。

この第2項内のAとCにおいても、やはり、

（A）核兵器の地上への配備だけが「装備における重要な変更」であり、事前協議の対象である。

←

（C）事前協議の対象にならない具体的な内容は、

①「〔核兵器の地上配備をのぞく〕米軍部隊とその装備の日本への配置（デイプロイメント）」

②「米軍機の日本への飛来（エントリー）」

③「米国艦船の日本領海および港湾への進入（エントリー）」

の三つであり、それらの軍事行動については、

「事前協議制度が現行の手続きに影響を与えない〔＝現在すでに米軍が行っている軍事行動は、すべてそのままつづけていい〕」

という構成になっているのです。

つまり、AとCの内容をわかりやすく整理してみると、ただひとつ「核兵器の地上配備」だけを例外として、ほかのすべての米軍の特権は旧安保条約時代とまったく変わらず維持される。そういう新安保条約の基本コンセプトが、ここで合意されているわけです。

そして旧安保条約時代とまったく同じということは、占領期とまったく同じ状態が安保改定後もつづくことを意味していたのです。

他国への攻撃を無制限で容認

> （D）米軍部隊とその装備の日本国外への移動（トランスファー）については、「事前協議」の対象とはならない。

この第2項Dは、Bと一体となる形で、米軍の日本国外への自由出撃の権利を確保す

るための条項でした。すでに見たとおり、Bでは、

「日本からダイレクトに他国を攻撃するケース以外は問題にしない〔＝「事前協議」の対象とはならない〕」

つまり「一度、国外（＝当時の沖縄や韓国、台湾他）の基地を経由してから攻撃すれば問題にしない」という合意が行われていました。

加えてこのDでは、

「米軍の日本国外への移動（トランスファー）は問題にしない」となっています。これは、

「米軍が日本国外へ出たあと、どう動こうが日本政府には関係ない」

という意味なのです。*

このBとDのふたつの条項を使い分ければ、米軍が日本国内の基地から国境を越えて他国を軍事攻撃する権利を、ほぼ無制限に認めることになってしまいます。そしてすでに述べたように、現在の在日米軍の実態は、まさにその通りになっているのです。

＊　一九六〇年二月一二日の「安保国会」の衆議院予算委員会で、藤山外務大臣はこう述べています。
「在日米軍がどこに移動しようとも、これは事前協議の対象にならぬわけであります。でありますから、移動した後の米軍というものは、これはアメリカ自身がどう使うかを決定してくる問題でございます」

この答弁に対してマッカーサー大使は四日後（一六日）、ハーター国務長官への秘密電報のなかで、「日本政府は「配置（デイプロイメント）」問題で大きなことをやった」「日本からの米軍の展開も、移動後のその使用（エンプロイメント）も、日本政府との事前協議の対象ではないという明白な、そしてあいまいでない立場をとった」と高く評価していました。（『対米従属の正体』末浪靖司　高文研）

有名無実と化した「事前協議制度」

以上で日米間の「密約中の密約」ともいうべき、「討議の記録」についての説明を終わります。

この四つの密約条項（第2項ＡＢＣＤ）を含んだ秘密文書が日米両政府によって合意された結果、安保改定の最大のセールス・ポイントだった「事前協議制度」は、完全に有名無実なものとなってしまいました。

この章のはじめに登場した村田良平氏が暴露したように、

「事前協議は、〔新安保〕条約締結後一度も行われたことはない」

「ということは、いかに実質のない譲歩を米側が日本を満足させるために行ったかということでもある」

というのが正しい現実なのです（『何処へ行くのか、この国は――元駐米大使、若人への遺言』

村田良平　ミネルヴァ書房）。

一方、そうした村田氏の、まさに遺言としての勇気ある告発を無視し、**「密約はあったのか、なかったのか」**についての空虚な観念論を展開したあげく、結局、**「厳密な意味での密約〔＝狭義の密約！〕」**は、現在、存在しない」と結論づけた、二〇一〇年の外務省の密約調査における「有識者委員会報告書」[*]は、**本当に罪深いものだったと思います。**それは日本という国が正常な軌道へ回帰する最大のチャンスを、自らの手で投げ捨てたことに他ならないのですから。

私が沖縄での米軍基地の取材を通して学んだ原則から見て、机の上で行われる、「密約はあったのか、なかったのか」

という議論ほど、ナンセンスなものはありません。

村田良平氏がその遺言のなかで身をもって教えてくれたように、**〈紙に書いた日米間の秘密の取り決めがあって、そこに大臣のサインがしてあり、しかも現実がそのとおりになっていれば、その密約が効力をもっているに決まっている〉**のです。なぜそんな簡単なことがわからないのでしょうか。

＊　二〇一〇年三月九日「いわゆる「密約」問題に関する有識者委員会報告書」

厳然たる歴史的事実

「米軍の装備については、核兵器の地上配備以外は事前協議の対象にならない」（A＆C）
「日本の米軍基地から他国への軍事攻撃は、事実上事前協議の対象にならない」（B＆D）

この内容を明記したABCD四つの秘密の取り決めがあり、そこに外務大臣のサインがあって、**その通り核を積んだ艦船が日本へずっと寄港していたり（一九五三〜九一年）、日本の基地から出撃した米軍の艦船や爆撃機が、朝鮮半島、台湾海峡、ベトナム、アフガニスタン、イラク、シリアなどで、これまで戦争をしてきた歴史的な事実があるのです（一九五〇年〜現在）。**

さらにはそうした現実があるにもかかわらず、六〇年近く前に安保改定で制度ができてから、事前協議など一度も行われたことがないという厳然たる事実があるのです。

「事前協議密約など存在しない」「「討議の記録」は密約文書ではない」

もし本気でそう考える研究者がいたら、どうか一度、その論文を英語にして、広く世界に発表してもらいたいものだと思います。

全部で三つの密約文書

けれども現場を知る村田氏はともかくとして、なぜ私のような人間がそこまで自信ありげに「これは密約文書である」と断言することができるのか。

それはこの「討議の記録」が、けっして独立して存在するものではないからです。

この文書に藤山外務大臣とマッカーサー駐日大使が東京の外務省大臣室でイニシャル・サイン（イニシャルだけのサイン）をしたのは、すでに述べた通り一九六〇年一月六日、ワシントンで新安保条約が締結される（一月一九日）約二週間前のことでした。

このとき藤山とマッカーサーがサインしたのは、実はこの「討議の記録」だけではなく、全部で三つの左の密約文書だったのです。

①「討議の記録」〔＝「事前協議密約」文書／または「核密約」文書〕
②「基地権密約」文書
③「朝鮮戦争・自由出撃密約」文書

さらにはこの三つの密約文書に加えて、もうひとつのマッカーサー駐日大使の「作品」とも言うべき法的文書が、その三週間前（一九五九年一二月一六日）に成立していま

した。それが、

④砂川裁判・最高裁判決

です。安保改定をめぐる日米間の密約は、この四つの法的文書（三つの「日米密約」とひとつの「最高裁判決」）の総体として構成されたものでした。

そしてその壮大な「密約のピラミッド」は、マッカーサー2世という、ひとりの優秀なアメリカの外交官が、オモテ側の「安保改定」とウラ側の「米軍からの要求」を両立させるべく、知力のかぎりを尽くして考えた「巨大な作品」だったと言えるのです。

「基地権密約」文書

②の「基地権密約」と、④の「砂川裁判・最高裁判決」については、これまで何度も本に書いてきましたし、前著『知ってはいけない』でも説明していますので、詳しくはぜひそちらをお読みいただきたいと思います。

簡単にいうと「基地権密約」（←左ページ）とは、「**安保改定以前に米軍に許可されて**

CONFIDENTIAL
(Official Use Only after Treaty Signed)

The following was mutually understood concerning Article III and Article XVIII, paragraph 4, in the course of the negotiations on the revision of the Administrative Agreement signed at Tokyo on February 28, 1952, and is hereby recorded for the guidance of the Joint Committee:

Article III:

The phrasing of Article III of the Agreement under Article VI of the Treaty of Mutual Cooperation and Security between the United States of America and Japan, Regarding Facilities and Areas and the Status of United States Armed Forces in Japan, signed at Washington on January 19, 1960, has been revised to bring the wording into closer consonance with established practices under Article III of the Administrative Agreement signed at Tokyo on February 28, 1952, including the understandings in the official minutes of the 10th Joint Meeting for the negotiation of the Administrative Agreement held on February 26, 1952. United States rights within facilities and areas granted by the Government of Japan for the use of United States armed forces in Japan remain the same under the revised wording of Article III, paragraph 1, of the Agreement signed at Washington on January 19, 1960, as they were under the Agreement signed at Tokyo on February 28, 1952.

With regard to the phrase "within the scope of applicable laws and regulations", the Joint Committee will discuss the desirability or necessity of seeking amendments to Japanese laws and regulations currently in effect should such laws and regulations prove insufficient to ensure that the defense responsibilities of the United States armed forces in Japan can be satisfactorily fulfilled.

Article XVIII, Paragraph 4:

The Agreed View contained in paragraph 5 of the Jurisdiction Subcommittee recommendation approved by the Joint Committee at its 13th meeting on July 30, 1952 shall continue to be applicable to any claims arising under Article XVIII, paragraphs 1 and 2 of the Administrative Agreement under Article III of the Security Treaty between the United States of America and Japan, but shall not be applicable to Article XVIII, paragraph 4, of the new agreement signed on January 19, 1960. The inapplicability of the Agreed View to Article XVIII, paragraph 4 shall in no way prejudice the position of either Government regarding private claims advanced by or on behalf of individuals described in paragraph 4.

CONFIDENTIAL
(Official Use Only after Treaty Signed)

【資料⑥】「基地権密約」文書
点線内の2つのセンテンスをあわせて、〈米軍基地および米軍使用区域内でのアメリカ政府の権利は、地位協定第3条1項の改定された文言のもとで、**改定前に行政協定のもとで〔確立された慣例（エスタブリッシュド・プラクティス）による権利〕と変わることなくつづく**〉という内容が書かれています。1959年12月4日付の文書に書かれたこの内容に、翌1960年1月6日、藤山とマッカーサーがサインしました（新原昭治氏・発掘資料）

いた基地に関する権利（ベース・ライト）〔＝基地の絶対的使用権と管理権とアクセス権〕**は、すべて変わらず維持される**」

　という密約です。

「討議の記録」の2項Cにあった、

〈核兵器の地上配備（＝「**重要な配置の変更**」）**以外は、現行の手続きに影響を与えない〉**

という条文を思い出してください。この基地権密約と、ほぼ同じことを述べています。

そしてこの基地権密約と「討議の記録」（第2項A＆C）のコンビネーションにより、

「米軍が旧安保条約のもとで持っていた法的権利は、実質的な変更なく新安保条約の時代に引き継がれる」

　という安保改定の基本コンセプトが、みごとに達成されることになったのです。

「朝鮮戦争・自由出撃密約」文書

　一方、③の「朝鮮戦争・自由出撃密約」（←左ページ）は、

「朝鮮戦争が起きたとき、米軍が日本国内の基地から事前協議なしで軍事攻撃を行うことを認める」

SECRET

- 2 -

Japanese Government regarding the operational use of bases in Japan in the event of an exceptional emergency as mentioned above.

Foreign Minister Fujiyama:

The Japanese Government shares with the United States Government the hope that a final settlement in accordance with the resolutions of the United Nations can be brought about in Korea without a recurrence of hostilities.

I have been authorized by Prime Minister Kishi to state that it is the view of the Japanese Government that, as an exceptional measure in the event of an emergency resulting from an attack against the United Nations forces in Korea, facilities and areas in Japan may be used for such military combat operations as need be undertaken immediately by the United States armed forces in Japan under the Unified Command of the United Nations as the response to such an armed attack in order to enable the United Nations forces in Korea to repel an armed attack made in violation of the Armistice.

Tokyo, January 6, 1960

(Initialed)
Aiichiro Fujiyama

(Initialed)
Douglas MacArthur II

【資料⑦】「朝鮮戦争・自由出撃密約」文書（外務省「報告対象文書2－2」）

という日本政府の見解が、交換公文の形で書かれたものです。*

これはいうまでもなく「討議の記録」の第2項B&Dが述べている、「米軍が日本の国境を越えて自由に他国を攻撃できる権利」と密接に関係した密約です。

これら①②③の三つの密約を状況によって使い分けることで、米軍が日本国外に対して行う軍事攻撃に、ほとんど制約がなくなってしまうのです。

＊ 前ページ文書の点線内には、藤山外務大臣からの返信という形で、「在韓国連軍に対する攻撃による緊急事態における例外的措置として（略）在日米軍によってただちに行う必要がある戦闘作戦行動（ミリタリー・コンバット・オペレーション）のために日本の施設・区域を使用され得る（may be used）というのが日本政府の立場であることを、岸総理からの許可を得て発言する」と書かれています

マッカーサー大使の接触と誘導のもと出された「砂川裁判・最高裁判決」

そして仕上げが、④の「砂川裁判・最高裁判決」です。

これは簡単にいうと、**新安保条約調印の一ヵ月前（一九五九年一二月一六日）に出された「日米安保については、最高裁は憲法判断をしない」*という判決であり、その審議の過程で、マッカーサー駐日大使から田中耕太郎・最高裁長官への複数回におよぶ直接の**

最高裁大法廷（写真：共同通信社）

接触と誘導があったことがわかっています（前掲『検証・法治国家崩壊』）。

＊　砂川裁判・最高裁判決（要旨・八）

「**安保条約の如き、主権国としてのわが国の存立の基礎に重大な関係を持つ高度の政治性を有するものが、違憲であるか否かの法的判断は、**純司法的機能を使命とする司法裁判所の審査には原則としてなじまない性質のものであり、それが一見極めて明白に違憲無効であると認められない限りは、**裁判所の司法審査権の範囲外にあると解するを相当とする**」

モザイク状の方程式

ここまで説明してきたことをすべてまとめると、つまりは一九六〇年一月六日、新安保条約締結の約二週間前にひそかに合意され、結ばれた三つの密約文書が、

「討議の記録・２項Ａ＆Ｃ」＋「基地権密約」＝「基地の自由使用」
「討議の記録・２項Ｂ＆Ｄ」＋「朝鮮戦争・自由出撃密約」＝「他国への自由攻撃」

という形で重層的に機能し、安保改定後も米軍にとって死活的に重要な法的権利［「基地の自由使用」と「他国への自由攻撃」］を確実に保証することになったのです。

さらには占領期とほとんど変わらない、そうした米軍の法的権利の総体を、
「日米安保については憲法判断しない」
という「砂川裁判・最高裁判決」が、完全にプロテクトするという盤石の構造になっているのです。

論理的に美しいとさえ思える密約の構造。これがアメリカの外交なのです。

そして、さらに話はつづきます。

右のふたつのモザイク状の方程式は、なぜ生みだされる必要があったのか。

このあと第四章で明らかになるように、実はこのふたつの方程式は、ある法的なトリックを経て、以後半世紀以上にわたって私たち日本人の主権を「合法的に侵害しつづける」ための、いわば設計図となっていくのです。

【資料⑧】「三つの密約」と「ひとつの交換公文」が生まれるまで

〈米軍の日本における配備および使用について、アメリカが**実行可能なときはいつでも協議する**〉

岸の訪米時の共同声明（↓139ページ）（一九五七年六月二一日）

⇦

マッカーサー大使が安保改定交渉の初日に示した「協議の取り決め（コンサルテーション・フォーミュラ）」（一九五八年一〇月四日）

「共同防衛のための取り決めにおいて、アメリカは日本国内の基地を利用する。米軍とその装備の日本国内の基地への配置及び緊急時におけるこれらの基地の作戦使用は、**その時の状況に照らし**、日米両政府の**共同協議の対象とされるだろう**」

⇦

【密約①】討議の記録（＝事前協議密約）（一九六〇年一月六日）

⇦（2項AC）
【密約②】基地権密約（一九六〇年一月六日）

⇦（2項BD）
【密約③】朝鮮戦争・自由出撃密約（一九六〇年一月六日）

⇦（1項）
岸・ハーター交換公文（一九六〇年一月一九日）

第三章

ＣＩＡの金は、ロッキード社が配る
──「自民党」という密約がある

「ＣＩＡは一九四八年以降、外国の政治家を金で買収し続けていた。しかし世界の有力国で、将来の指導者〔岸首相〕をＣＩＡが選んだ最初の国は日本だった」

ティム・ワイナー

（ピューリッツァー賞・受賞ジャーナリスト）

1957年6月
岸首相　就任後　初の訪米
アイゼンハワー大統領
岸首相
日本の国土の
自由な軍事利用に合意
共同声明
〈日本における
米軍の使用については
可能な場合は協議する〉
帰国後
親友の藤山を外務大臣に抜擢
マッカーサー駐日大使
藤山外務大臣
安保改定交渉の
責任者とする
1960年1月6日
3つの密約にサインする藤山
誰にもバレないように
ずっと密室で交渉をした
1年3カ月…
なんと苦しかったことか
だけどこれで晴れて
私が安保改定の立役者として
日本の首相候補となるのだ
そうはさせるかあ
ドドドドドドド
しかし土壇場で突然
岸に条約調印の晴れ舞台を
奪われたのであった
（1月19日）
私は密約
だけ!?
藤山　ご苦労
お前の用は
もう済んだ
安保改定は
ワシの手柄じゃあああ

岸信介とアイゼンハワー

安保改定といえば、岸首相とアイゼンハワー大統領が並んでカメラに写った有名な二枚の写真が、すぐに頭に浮かびます。

岸信介（左）とアイゼンハワー
（写真：ullstein bild／時事通信フォト）

一枚目が上の写真。

一九六〇年一月一九日、渡米して新安保条約にサインする岸首相と、それを満足気に腕を組んで見守るアイゼンハワー大統領。日米新時代の幕開け、日本にとっては本格的な繁栄の時代の訪れを告げる、象徴的な写真といえるでしょう。

しかしここには、ひとつ意外な事実が隠されているのです。

この写真を見た人は誰だって、新安保条約にサインしたのは岸とアイゼンハワーだと思うでしょう。私も長年そう思っていました。

でも違うのです。

新安保条約の日本側署名者は、岸首相を筆頭に藤山外務大臣と他三名。アメリカ側の署名者は、ハーター国務長官を筆頭に、マッカーサー大使と他一名。アイゼンハワーのサインはどこにもないのです。

いったいなぜ、そんなことになっているのでしょう。

岸の政治哲学

そこには岸信介という人物の謎を解く大きなカギがあるのです。

戦前、商工省の超エリート官僚だった岸が局長の地位をなげうって満州に渡ったのは、まだ三九歳のときでした。その後三年間にわたって、最後は事実上の副総理（総務庁次長）として満州国の経営に辣腕をふるった岸は、ウラの世界と接触するなかで、みずからの身を護るための「仕事のやり方」を身につけていきました。

その真髄をあらわす言葉が、一九三九年（昭和一四年）一〇月、満州を離れるにあたって後輩たちに語った、

「**政治資金は、濾過器（ろかき）を通ったきれいなものを受け取らなければいけない**」

「**問題が起きたときには、その濾過器が事件となる**ので、受け取った政治家はきれいな水を飲んでいるのだから、掛かり合いにならない」

という、彼の有名な政治「哲学」だったのです（『満州裏史』太田尚樹　講談社）。

「親友」藤山愛一郎

そうした岸の「仕事のやり方」に翻弄されたのが、その長年の「親友」であり、不遇時代の経済的なパトロンでもあった藤山愛一郎でした。

一九五七年七月、民間の財界人で、財閥の二代目だった藤山（当時六〇歳）は、友人である岸首相から外務大臣としての入閣を求められ、それに応じました。

あとで述べる通り、岸はその前月（六月）に首相就任後初の訪米を行って、アイゼンハワー大統領とダレス国務長官から、安保改定についての基本的な了承を取りつけていました。

けれどもおそらくその改定交渉では、外務官僚にも相談できないきわどい問題が続出することは確実です。そのため岸はすでに二〇年以上の交流があった藤山に、自分が兼任していた外務大臣のポストを与え、現場の舵取りをすべて任せることにしたのです。

藤山と三つの密約

実際、藤山の入閣から約一年後の一九五八年一〇月にスタートした安保改定交渉は、表の報道にはまったく出ない帝国ホテルでの秘密交渉によって、すべてが決められていくことになりました。

一年三ヵ月におよぶその秘密交渉を藤山はすべてとりしきり、マッカーサー大使との個別の秘密会談も何度も行って、最後は第二章で見た通り、新安保条約締結の約二週間前（一九六〇年一月六日）に三つの密約（「事前協議密約」「基地権密約」「朝鮮戦争・自由出撃密約」）を結んでいます。もちろんすべて藤山がサインし、岸はいっさいタッチしていません。**こうして岸は、自分の手はいっさい汚さず、藤山という「濾過器」を使って密約の問題を処理したわけです。**

問題が起きたときにはその濾過器が事件となるだけで、政治家には何の関係もない――これが満州仕込みの、岸の最高の政治テクニックなのです。

自分は何があっても責任を負わないポジションに身を置き、プロジェクトの成功が確定した時点でその果実をすべて奪う。おそらく密約の問題が少しでも外部に漏れれば、藤山はその責任を負わされて、すぐに更迭されていたでしょう。

「自分がどうしても調印したい」

一九六〇年一月六日の三つの密約文書へのサインによって、安保改定交渉はすべて終了します。しかし新安保条約が無事成立することが確定したその瞬間から、藤山の姿は急速に歴史のなかから消されていくことになるのです。

そのひとつが、すでに述べた新安保条約の調印式における筆頭署名者（首席全権）の問題です。当初からこの改定交渉はすべて藤山に任され、調印もアメリカ側は国務長官であるクリスチャン・ハーターが行うことから、*藤山も外務省も、当然同格の外務大臣である藤山が首席全権として渡米し、調印するものと考えていたのです。

ところが藤山によれば、最終段階になって、

「岸さんが〔調印式には〕「自分がいく」といい出して、結局そう決まった」（『政治わが道　藤山愛一郎回想録』藤山愛一郎　朝日新聞社）

「「〔相手は国務長官なのだから〕岸さんあなたは総理として調印に立ち合うだけというのが一番いいのではないか」と私は説いたのだが、岸さんは「自分がどうしても調印したい」ということなので、私も結局それを認めた」（『戦後日本と国際政治』原彬久　中央公論社）

というのです。

そして一月一九日、岸は首席全権として渡米し、新安保条約に調印。多くのカメラのフラッシュのなか、アイゼンハワーと並んで写真に納まります。そうした事情があったため、独立国同士が結ぶ条約でありながら、筆頭署名者が日本側は首相、アメリカ側は国務長官という不釣り合いなバランスになっているのです。

＊ 当初の安保改定交渉を指揮していたダレスは、ガンのため前年の一九五九年五月に死去していました

岸に対する藤山の怒り

もっとも藤山自身はこの件については、それほど怒っていなかったようです。

けれども彼の自伝を読むと、この調印式の問題よりもはるかに大きな怒りを藤山が、岸に対して感じた「事件」があったことがわかります。それは99ページの写真から五ヵ月後、日米の批准書が交換され、新安保条約が正式に発効した一九六〇年六月二三日のことでした。

藤山はそれまでの約二年間、まさに超人的なエネルギーをこの安保改定交渉に注ぎこんできました。帝国ホテルでの一年三ヵ月におよぶ秘密交渉や、アメリカの軍部から繰り返し突き付けられた理不尽な要求、自民党内の派閥の抵抗、三つの密約文書へのサイ

ン、そして大荒れとなった安保国会など。その努力のすべてが実を結び、新安保条約が正式に発効する日が、ついにやってきたのです。

機動隊による厳戒態勢のなか、港区白金台の外務大臣公邸で、なぜか予定より三〇分も遅れて到着したマッカーサー大使（→理由は第四章）と午前一〇時一〇分から批准書の交換式を行った藤山は、わずか一〇分ほどですべての行事を終え、大急ぎで国会に戻りました。岸との打ち合わせでは、その日午前の閣議で藤山が新安保条約の発効を報告し、それを受けて岸が辞意を表明することになっていたからです。

未来の首相候補を口説き文句に内閣に招かれ、安保改定というとてつもない大仕事をやりとげた藤山は、おそらくこの閣議への報告を、自民党の新しい実力者としてのデビューの場と位置づけていたことでしょう。なにしろ五ヵ月前のアメリカの調印式では、すべてのスポットライトを岸に譲っているのです。当然、最低でも閣議の場で岸からその功績に対して公式に、ねぎらいと称賛の言葉があってよいはずです。

ところが閣議の部屋に駆けつけた藤山がそこで目にしたのは、まったく信じられない光景だったのです。

「何しにきたのか」

「運転手をせきたてて、飛ぶようにして帰ったのに、閣議を開く院内の大臣室にかけつけてみると、驚いたことに居並ぶ顔ぶれがいつもとはまるで違っている。岸さんはすでに閣議を散会してしまった後で、大臣室ではもう後継首班を選考するための政府・与党首脳会議が始まっていたのである。（略）ふとふりかえった川島さん〔正次郎・自民党幹事長〕は、私を見ると「何しにきたのか」といわんばかりの顔つきをした」

「私は、このとき大変なショックを受けた。なぜ岸さんは待っていてくれなかったのか。安保改定という国家の命運を賭けた大事である。閣議を休憩にしてでも待っていてくれてもよかったはずだ、これだけ全力をあげて取り組んできたのに……、と思った」

（前掲『政治わが道』）

こうして調印式の栄光も、政治権力の委譲も、さらには閣議でのねぎらいの言葉ひとつなく、藤山の安保改定交渉の功績は、すべて歴史の闇に葬り去られてしまったのです。

巨大な「情報の断絶」が生まれた

その後、藤山は自ら派閥を立ち上げ、「ポスト岸」を選んだ翌七月の選挙も含めて、全部で五度の自民党総裁選に立候補しましたが、結局岸からの支援は一度も得られず、池田に三度、佐藤に二度破れ、巨額の私財を失った末に、一九七五年には政界を引退することになりました。

しかし問題は、藤山個人の無念の思いだけではないのです。

密室の汚い仕事はすべて「親友」にやらせ、うまくいったらその親友を「濾過器」として捨て去り、自分は「きれいな水」だけを飲む。この岸の満州仕込みのテクニックこそが、安保改定後の日本社会において巨大な「情報の断絶」を生み、外交上の大混乱を引き起こした最大の原因となっているのです。

考えてみてください。安保改定交渉において、ときには官僚たちの目からも隠れてマッカーサーと密室で話し合い、すべての細部について最終合意をしたのは藤山だったのです。三通の密約文書にサインをしたのも藤山で、岸はいっさい関わっていません。

さらに新安保条約が発効したあと、改定交渉のために外務省アメリカ局と条約局から集められた六人の優秀なスタッフたちは、いずれも次々に海外勤務となり、翌一九六一年春には改定交渉時に次官だった山田久就(ひさなり)も駐ソ大使、秋には最後まで残っていた東郷もカルカッタ総領事となり、日本には誰もいなくなってしまいます。

岸のすぐ右に小さく写っているパナマ帽の人物がアイゼンハワー（写真：Getty Images）

そうした状況のなかで、藤山をその後の対米外交にいっさい関わらせず、ただ政界の傍流に追いやってしまえば、あとに残された密約文書についてアメリカ側の解釈だけが優先されるようになるのは、当たり前の話だったのです。

日米同盟の創世神話

二枚めの写真（↑）もアイゼンハワーとともに写った、有名なゴルフ場でのものです。

そこに写っているのは、一枚めの条約調印の写真から約二年半前（一九五七年六月一九日）、首相として初の訪米時に、ワシントン郊外の超名門クラブである「バーニング・ツリー・カントリークラブ」でティーショットを放った瞬間です。

戦後の日米関係の神話では、この日、最初の首脳会談で岸をすっかり気に入ったアイゼンハワーが、会談の終了後、突然、自分のホームコースでのゴルフに誘った。

そしてラウンドしたあと、ふたりで真っ裸でシャワーをあび、アイゼンハワーが、
「ゴルフだけは本当に気の合う相手としかできない」
と新聞記者たちに語った――。これがその後の「日米同盟」のスタートを告げる、輝かしい創世神話となったわけです。だからおじいさんにあこがれる安倍首相は、あれほどトランプとゴルフをやりたがる。

けれども実際は、そんな甘い話であるはずがないのです。そもそもゴルフというゲームは、なんの準備もなく突然誘われて、すぐにプレーできるものではありません。

岸の訪米については、この超名門クラブでのゴルフだけでなく、ヤンキー・スタジアムでの始球式や、議会の両院での演説など、あらかじめいくつもの完璧なセッティングがなされていました。**しかし、それではいったいなぜ岸は、まだなにも仕事をしていない就任当初から、それほど高い評価をアメリカ政府から受けていたのでしょうか。**

「秘密資金」と「選挙についてのアドバイス」

この写真から約一年後の一九五八年五月、岸は自民党の結党後、はじめての衆議院選挙に踏み切り、*二八七議席をとって圧勝。その五ヵ月後には安保改定交渉もスタートさ

せ、現在までつづく「自民党永久政権」の時代が幕をあけます。

しかし、すでに広く知られているとおり、**戦後日本の行方を決めたその運命の総選挙において、岸がＣＩＡから巨額の「秘密資金」と「選挙についてのアドバイス」を受けていたことは、二〇〇六年にアメリカ国務省自身が認めており、すでに歴史的事実として確定しているのです**（→117ページ）。

ちなみに今年はそれからちょうど六〇年目にあたりますが、いま東アジアでは、突如始まった朝鮮半島での劇的な米朝関係の改善によって、戦後長らくつづいた「冷戦構造」がヨーロッパから遅れること三〇年、ついに終焉を迎えようとしています。

そうした大きな時代の変わり目のなかで、結党後、最初の選挙において外国の諜報機関から巨額の資金とアドバイスを受けて勝利し、その後現在までつづく強固な政治基盤を築いた自民党、けれども日本の戦後史において、まぎれもない「国民政党」でありつづけたこともまた事実であるこの自民党という政党を、私たち日本人は今後いったいどのように歴史のなかに位置づけ、咀嚼して、新しい時代に向かってスタートを切ればよいのか。

いま、ふと気づきましたが、私はどうやらそのことが知りたくて、この安保改定時に結ばれた三つの密約についての本を書いているようです。

＊　日本社会党の鈴木茂三郎委員長と合意した上での解散だったので、「話し合い解散」と呼ばれました

CIAと「日本のエスタブリッシュメント」

私は一九九〇年代に評論家の立花隆さんの担当編集者を約一〇年間務め、その間、『巨悪vs言論』（文藝春秋　一九九三年）という、田中角栄元首相および自民党の金権政治を批判したぶ厚い本をつくったこともありました。

けれどもその仕事の直後（一九九四年）にニューヨーク・タイムズが、なんと一九五八年から一九六〇年代の日本の自民党政権〔岸・池田・佐藤政権〕には、CIAからずっと資金提供がされていたという大スクープを放ち、＊大きなショックを受けることになりました。

というのもその二〇年前の一九七四年、立花さんの「田中角栄研究」が雑誌『文藝春秋』（一一月号）に掲載され、田中首相の不正な資産形成が政治問題化して退陣に追い込まれたときに、

「小学校しか出ていない田中は、それまでの首相たちとは違って日本のエスタブリッシュメントとのつながりがなかった。だから自力で金を集めざるをえなかったのだ」

という論評がされていたことをよく覚えていたからです。

けれどもニューヨーク・タイムズの報道を読むと、田中以前の自民党の首相は、岸以降みなＣＩＡから資金提供を受けていた。**つまり「日本のエスタブリッシュメント」の正体とは、なんとＣＩＡのことであり、その資金提供だったということになるのです！**

その後さらに、かなり経ってからの話ですが、ＣＩＡから日本の政界への資金提供は、アメリカの有力な経済人を仲介役に使って行われており、そうした人物のなかには、

「**ロッキード社の役員もいた**」

という報道もあって、なにがなんだか、もうさっぱり訳がわからなくなってしまいました。じゃあ、ロッキード事件って、いったい何だったんだと。

そのとき感じた大きな疑問が、私がいま、こうした問題を調べているきっかけのひとつとなっています。

＊「ＣＩＡが１９５０年代から60年代にかけて、日本の右派勢力に数百万ドルを支援」（『ニューヨーク・タイムズ』一九九四年一〇月九日）https://www.nytimes.com/1994/10/09/world/cia-spent-millions-to-support-japanese-right-in-50-s-and-60-s.html

岸が「絶対にやってはいけなかったこと」とは？

みなさんよくご存じのとおり、そもそも岸という政治家自身が、早くからその高い能力と反共姿勢をCIAによって見出され、英語のレッスンなども意図的に授けられて、獄中のA級戦犯容疑者から、わずか八年余りで首相の座へと駆けあがった人物でした。

しかしだからといって、岸が外国の諜報機関の指示通りに動き、金や権力のために心を売った人間だと考えるのは、おそらく完全なまちがいでしょう。

CIAという機関にそのような力はなく、日本以外では失敗ばかりしているということは、先ほどの大スクープをニューヨーク・タイムズ記者として放ち、それから一三年後の二〇〇七年にはベストセラー『CIA秘録』（日本語版は二〇〇八年 文藝春秋）を書いて一躍有名になった、ジャーナリストのティム・ワイナー氏が、はっきりと述べています。

とくにCIAは、報道機関や反政府デモなどを利用して気に入らない政権を転覆させることは比較的上手だが、そのあと思い通りの政権をつくることはほとんどできていない。パーレビを失脚させたあと、ホメイニを登場させてしまったイラン。フセインを処刑したあと、国家が崩壊して無法地帯となり、終わりのないテロとの戦いに苦しめられることになったイラクなどが、その代表的なケースなのです。

岸がＣＩＡから金をもらいながらつくった（→１２３ページ）自民党という政党が、多くの致命的欠陥を抱えながら、六〇年たったいまもなお政権の座にあるのは、けっして外国の諜報機関の力によるものではなく、「保守本流」とよばれた反岸派の政策も含めたその基本方針が、日本人の願望によくマッチしたものだったからにほかなりません。

しかしそのなかで岸は、主権国家の指導者として絶対にやってはならない、いくつかの致命的な罪を犯しており、そのことがいま「**法治国家崩壊状態**」と私たちが呼んでいる日本の惨状につながっている。

では、その「**絶対にやってはいけなかったこと**」とは、具体的になんだったのか。それらは現在の日本社会に存在する大きな歪みや矛盾、機能不全などと、どのようなメカニズムによってつながっているのか。

そして最後に、私たちは今後、どのような国際政治の力学のもと、どのような政治的選択を行って、それらの問題を解決し、正常な民主主義国家として再スタートを切ることができるのか。

それらの問題を適切に解決するためにどうしても必要なのが、いま私がお話ししている、岸政権によって密室で結ばれたアメリカとの三つの密約が、その後の日本社会にどのような混乱をもたらしたかについての、正確な歴史認識とその具体的な分析なのです。

ＣＩＡの「岸ファイル」

岸の個人的な歴史については、すでに無数の本が書かれており、私がそれに付け加えることは何もありません。ですからここでは、それをできるだけ簡単にまとめてみることにします。

まず、もっとも信憑性が高いアメリカ政府の公文書では、岸とＣＩＡの関係についてどのような事実が明らかになっているのか。

残念ながら、情報公開の先進国であるアメリカといえども、岸に関するＣＩＡ文書は依然としてほとんど開示されていません。アメリカ国立公文書館には「岸信介」ファイルがちゃんと存在するものの、閲覧可能な箱の中身はごっそり抜かれている。

この問題にもっとも詳しい有馬哲夫・早稲田大学教授によれば、

「アメリカの国益をそこね、イメージを悪くする情報は、基本的にＣＩＡファイルからはでてこない」（『ＣＩＡと戦後日本』平凡社）

のだそうです。そして有馬さんは、岸に関するＣＩＡ文書について、

「〔CIAの〕岸ファイルには『ニューヨーク・タイムズ』の記事の切り抜きなどが数枚入っているだけだ。残っているはずのほかの〔大量の〕文書や記録をいっさい公開していないのは、**彼が非公然にアメリカのためにはたした役割がきわめて大きく、かつ、公開した場合、現代の日本の政治にあたえる影響が大きいからだろう**」（同前）

と述べています。

はっきり言えば、岸の孫である安倍首相が日本の政界で主要な政治的プレイヤーでいるあいだは、そうしたファイルは絶対に公開されないということです。逆に、安倍氏が引退し、さらに自民党に代わる親米的で安定した政権ができれば、すぐにでも公開されるでしょう。なにしろ、もう六〇年も前の記録なのですから。

アメリカ国務省が公表した「ぎりぎりの事実」

というのも、そもそもアメリカという国が日本といちばん違っているのは、そうした「不都合な真実」をなんとか少しでも公開しようという戦いが、政府のなかでも激しく行われているという点だからです。

ティム・ワイナー氏は『CIA秘録』のなかで、過去にCIAが行った日本への政治工作については、その機密文書の公開をめぐってアメリカ政府のなかに「10年以上におよぶ内部抗争」があったと書いています。

そして二〇〇六年七月、「ＣＩＡが現時点で認めることが可能な、ぎりぎりの内容」について、国務省が見解を表明する舞台となったのが、同省の歴史課が一九世紀から刊行をつづけている『アメリカ外交文書』（*"Foreign Relations of the United States"*）という有名な歴史資料集だったのです。これは作成後二〇〜三〇年たって公開された膨大なアメリカの外交文書から、とくに重要な文書を選んで編纂されたもので、本書でも何度もこの資料集から引用しています（以下「ＦＲＵＳ」と略称）。

その二〇〇六年版（七月一八日刊）の「編集後記」でアメリカ国務省は、おそらくＣＩＡとの一〇年以上におよぶ長い戦いの末に、次の事実を認めることを発表しました。（以下、要約。原文は→ http://history.state.gov/historicaldocuments/frus1964-68v29p2/d1）。

☆　☆

○日本に左派政権が誕生することを懸念したアメリカ政府は、日本の政界が進む方向に影響を与えるため、一九五八年から一九六八年のあいだに四件の秘密計画を承認した。

○そのうちの三**件**の内容は、次の通り。

①ＣＩＡは、**一九五八年五月の日本の衆議院選挙**〔＝前出の、岸政権のもとで行われた自民党結党後はじめての衆議院選挙〕**の前に、少数の重要な親米保守の政治家**〔＝**岸や佐藤ほか**〕**に対し、秘密資金の提供と選挙に関するアドバイスを行った。**援助を受けた個々の候補者には、それはアメリカの実業家からの援助だと伝えられた。中心的な政治家への控えめな資金援助は、一九六〇年代の選挙でも継続した。

②ＣＩＡは、左派の野党〔＝日本社会党〕から穏健派〔＝民社党〕を分裂させるため、一九六〇年に七万五〇〇〇ドルの資金提供を行った。そうした資金提供は、一九六四年までほぼ毎年、同程度の額で行われた。

③日本社会から極左勢力の影響を排除するため、ジョンソン政権〔一九六三年一一月～一九六九年一月〕の全期間を通して、「より幅広い秘密のプロパガンダと社会活動」に対し、資金提供〔たとえば一九六四年には四五万ドル〕を行った。

この声明を読んで不思議なのは、このとき公（おおやけ）にされたＣＩＡの秘密計画は、右のとおり三**件**しかないということです。

それなのになぜアメリカ国務省が、あえて「**四件の秘密計画**」**をアメリカ政府が過去に承認した**と書いたかといえば、この時期、日本に対して行われたもうひとつの秘密計画だけは、ＣＩＡからの強い圧力によってどうしても公開できなかったこと――つまりそれが「ＣＩＡが絶対に公開したくないほど重要な秘密計画」であることを、はっきり示しておきたかったからでしょう。

そしてそれはまちがいなく、有馬教授が示唆し、ワイナー氏が断言するとおり、「**ＣＩＡと岸との絶対にオモテに出せない関係**」についての秘密計画だったと思われます。

高度成長期を通じて流れこんだＣＩＡからの資金

そのようにして、岸を中心に日本の政界に流れこんだＣＩＡマネーは、国務省の情報部門のトップ（情報担当国務次官補）を務めたロジャー・ヒルズマン氏によれば、毎年二〇〇万ドルから一〇〇〇万ドル〔現在の貨幣価値で一〇〇億円から四〇〇億円くらい〕だったといいます（『「日米関係」とは何だったのか』マイケル・シャラー 草思社）。

また、その事実を右の本に書いたアリゾナ大学のシャラー教授（歴史学）は、日本の週刊誌の取材に対し、自分が国務省の仕事をしていたときに、

「ＣＩＡから岸への資金提供を示す文書をこの目で見ています」

と証言しています。一回二〇万～三〇万ドル〔現在の貨幣価値で一〇億円くらい〕の金額が何度も提供されていたというのです（「週刊文春」二〇〇七年一〇月四日号）。

そうした巨額なＣＩＡマネーによって一党支配を確立した自民党のもと、日本はその後、世界の歴史でもまれに見るほどの高度経済成長を達成したわけです。

それが必然だったのか偶然だったのか、私にはよくわからないのですが、ＣＩＡが自民党を全面的にバックアップしていた一〇年間（一九五八～六八年）というのは、日本の高度成長の最盛期とほぼ正確に重なっているのです。

その一方、毎年自民党に流れこんだ数百億円ものＣＩＡマネーは、選挙の票や政策を金で売り買いする「構造汚職」の風潮を、日本の政界に蔓延させることになりました。

そのとき生まれた明らかに違法な国会議員たちの金権汚職体質は、一九九五年以降、年間約三〇〇億円も国費を政党交付金として、「構造汚職」の代わりに政界へ分配するようになるまで、つづくことになったのです。

ティム・ワイナーが描く「自民党結党までの経緯」

それでは、まだアメリカ国務省が公開していない秘密計画の部分も含めて、岸とCIAのきわめて密接な関係を、ワイナー氏の『CIA秘録』（翻訳：藤田博司・山田侑平・佐藤信行　文藝春秋）を中心にごく簡単にまとめておきましょう（以下125ページまで、注のないものはすべて同書からの引用）。

ワイナー氏は同書の「まえがき」のなかで、この本を書くにあたっては、〈10人の元長官を含むCIA職員、元職員への300回以上のインタビュー〉を行ったと書いています。そして同書は、

〈すべて実名の情報にもとづいており、匿名の情報源も、出所をふせた引用も、伝聞も含まれていない。すべて直接取材と一次資料にもとづく、はじめてのCIAの歴史である〉と強調しています。

岸とCIAについての歴史的な関係は、さきほどご紹介したアメリカ国務省歴史課の二〇〇六年の「編集後記（エディトリアル・ノート）」と、このワイナー氏の著作や発言を組み合わせれば、ほぼ正確な歴史が再現できるのです。

☆　　☆

「CIAは一九四八年以降、外国の政治家を金で買収し続けていた。しかし世界の有力

国で、将来の指導者〔岸首相〕をＣＩＡが選んだ最初の国は日本だった」

「岸信介は〔第2次大戦が終わったあと〕（略）Ａ級戦犯容疑者として巣鴨拘置所に三年の間収監されていた。

東条英機ら死刑判決をうけた7名のＡ級戦犯の刑が執行されたその翌日〔＝１９４８年12月24日〕、岸は（略）釈放される。

釈放後岸は、ＣＩＡの援助とともに、支配政党〔＝自民党〕のトップに座り、日本の首相の座までのぼりつめるのである」

「**〔釈放後〕七年間の〔ＣＩＡによる〕辛抱強い計画が、岸を戦犯容疑者から首相へと変身させた。**岸は『ニューズウィーク』誌の東京支局長から英語のレッスンを受け、同誌外信部長のハリー・カーンを通してアメリカの政治家に知己を得ることになる。カーンはアレン・ダレス〔＝ジョン・Ｆ・ダレス国務長官の弟で、１９５３～６１年までＣＩＡ長官〕の親友で、後に東京におけるＣＩＡの仲介役を務めた。岸はアメリカ大使館当局者との関係を珍種のランを育てるように大事に育んだ」

〈**岸は一九五〇年代〔一九五四年〕に、東京のアメリカ大使館の働きかけで〔その〕傘下に納まり、自民党総裁になったのちに、アメリカの信頼できる協力者となった〔当時**

アメリカ大使館の首席公使だった、グラハム・パーソンズの証言〉[*]

「岸は日本の外交政策をアメリカの望むものに変えていくことを約束した。アメリカは日本に軍事基地を維持し、日本にとっては微妙な問題である核兵器も日本国内に配備したいと考えていた。岸が見返りに求めたのは、アメリカからの政治的支援だった」

「ダレス国務長官は１９５５年８月〔＝自民党結党の３ヵ月前〕に〔重光葵（まもる）外務大臣に同行して訪米した〕岸と会い、面と向かって——もし日本の保守派が一致して共産主義者とのアメリカの戦いを助けるならば——支援を期待してもよろしい、と言った。そのアメリカの支援が何であるか〔＝財政支援だということ〕は、だれもが理解していた」

「岸はアメリカに自分を売り込んで、こう言った。「もし私を支援してくれたら、この政党〔＝自民党〕をつくり、アメリカの外交政策を支援します。経済的に支援してもらえれば、政治的に支援しますし、安保条約にも合意します」[**]」

「ＣＩＡと自民党の間で行われた最も重要なやりとりは、情報と金の交換だった。金は党を支援し、内部の情報提供者を雇うのに使われた。アメリカ側は、三十年後に国会議員や閣僚、長老政治家になる、将来性のある若者との間に金銭による関係を確立した。（略）外国の政治家を金で操ることにかけては、ＣＩＡは七年前にイタリアで手がけていたとき〔＝1948年のイタリア総選挙〕より上手になっていた。現金が詰まったスーツケースを高級ホテルで手渡すというやり方ではなく、**信用できるアメリカのビジネスマン〔＝経済人〕を仲介役に使って協力相手の利益になるような形で金を届けていた。こうした仲介役のなかに、ロッキード社の役員がいた**」

「**一九五五年十一月、「自由民主党」の旗の下に日本の保守勢力〔＝反共産主義勢力〕は統合された。**岸は保守合同後、〔初代の〕幹事長に就任する党の有力者だったが、議会のなかに、岸に協力する議員を増やす工作をCIAが始めるのを黙認することになる。**巧みにトップに上り詰めるなかで、岸は、CIAと二人三脚で、アメリカと日本との間に新たな安全保障条約をつくりあげていこうとするのである**」

＊『天皇とアメリカ』（吉見俊哉　テッサ・モーリス-スズキ　集英社）からの要約。モーリス-スズキ（オーストラリア国立大学教授）がジョージタウン大学のパーソンズ・アーカイブで発見した、グラハム・パーソンズ自身の「自伝の草稿」と「手紙」に書かれていた内容。「傘下に納まる」の原文は"cultivated"

＊＊映画「ANPO」（リンダ・ホーグランド監督　2010年）中のティム・ワイナーの発言。岸自身の回想録にもある通り、この1955年の訪米時には、雑誌「ニューズウィーク」（CIA協力者が多数在籍）になぜか岸が「近い将来首相になる人物」として取り上げられています。パーソンズの証言他と合わせると、すでにこの時点で岸を首相にするシナリオができていて、アメリカ側が重光を意図的に冷遇した可能性が高いものと思われます

岸は永続的な財源による支援を希望した

そして岸とＣＩＡの物語は、ようやく１０８ページの写真にたどりつくのです。

「一九五七年六月、囚人服を脱ぎ捨ててからわずか八年後に、岸は〔首相としての〕アメリカ訪問を実現させた。ヤンキー・スタジアムで始球式のボールを投げ、アメリカ大統領とともに白人専用のカントリー・クラブでゴルフをした。ニクソン副大統領は上院で、岸をアメリカの偉大で忠実な友人と紹介した」

「岸は、かのマッカーサー将軍の甥に当たる新駐日大使、ダグラス・マッカーサー二世に、**もしアメリカが岸の権力固めを支持してくれるなら、新安保条約を通過させ、左翼勢力の台頭も抑え込める、と語った。岸はＣＩＡから内々で一連の支払いを受けるより、永続的な財源による支援を希望した**」

岸がアメリカから評価された理由

ではその岸が、アメリカ政府から評価された最大のポイントはどこだったのか。

もっとも大きな理由は、当時アイゼンハワー政権が進めていた、核兵器を中心とする世界規模での安全保障政策「ニュールック戦略［ストラテジー］」にありました。

これはダレスが一九五三年に考案した軍事戦略で、簡単に言えば、高度な機動力を持つ核戦力をソ連のまわりにぐるりと配備し、そのことでアメリカの陸上兵力を削減して、「冷戦における勝利」と「国家財政の健全化」を両立させるという一石二鳥を狙った計画でした。* **その戦略のなかでもっとも重視されていたのが、同盟国から提供される海外基地のネットワークと、そこでの核兵器の使用許可**だったのです。

岸の訪米を翌月に控えた一九五七年五月、マッカーサー大使はダレス国務長官にあてた長い報告書（書簡）のなかで、岸を次のように評価していました。

「私たちはついに日本において、岸という有能な指導者を手にしました。（略）

彼のもつ基本的な世界認識はわれわれとまったく同じで、共産主義勢力が現在、東アジアに軍事的脅威をあたえており、日本はその最大の標的になっているということです。

彼はまた、**朝鮮や台湾、東南アジアを共産主義勢力の手から守ることが、日本にとって死活的な重要性を持つと述べました。**

彼は**日本が全面戦争（ジェネラル・ウォー）を回避するために、アメリカの核抑止力に依存していることを認めており、敵の侵略にそなえて機動打撃部隊をつねに準備態勢におくというわれわれの〔軍事戦略上の〕コンセプトも共有しています**」（「ＦＲＵＳ」一九五七年五月二五日）

＊　当時は朝鮮戦争の影響で、米軍兵力は約三五〇万人、安全保障費用は連邦予算の七〇％近くを占める異常な状態にありました（『東アジア冷戦と韓米日関係』李鍾元　東京大学出版会）

「日米安保体制」の基本コンセプト

これは、実におもしろい報告書です。

なぜならここで岸とマッカーサー大使が共有している世界観こそが、その後、安保改定における両国の合意事項となり、それから六〇年以上たった現在に至るまで、いわゆる「日米安保体制〔＝日米同盟〕」の基本コンセプトとなっているからです。

「共産主義勢力が現在、東アジアに軍事的脅威をあたえており、日本はその最大の標的になっている」

この共産主義勢力の軍事的脅威という「国家存亡の危機」があるからこそ、日本はアメリカに軍事主権を引き渡し、それに従っていくしかないのだという歪んだ二国間関係が、安保改定後も変わらず必要だというロジックになってしまうのです。

ですから、**そうした「日米安保体制」のコンセプトをアメリカ政府と共有することで権力の座についた自民党政権にとって、「東アジアにおける共産主義勢力の脅威」は、**

永遠に存在しつづけなければならないものなのです。

「はじめに」で書いたように、今年〔二〇一八年〕の三月六日に突如として始まった米朝間の関係改善が、六月一二日の歴史的な米朝会談に向かう過程で、日本の安倍首相が世界の首脳のなかでただ一人だけ、なんとかその動きにブレーキをかけようとしていたことも、そう考えれば理由がわかります。彼は祖父である岸首相のつくった「日米同盟」という世界観を、二一世紀においてもっとも純粋に受け継ぐ人物だからです。

朝鮮、台湾、東南アジアを共産主義勢力から守る

さらに、

「**朝鮮や台湾、東南アジアを共産主義勢力の手から守ることが、日本にとって死活的な重要性を持つ**」

と岸が述べたというところも、非常に重要です。

なぜならこの共通認識の延長線上に、その後、第二章でご説明したとおり、米軍が日本国内の基地から他国を攻撃することを可能にする、

「討議の記録・2項B&D」＋「朝鮮戦争・自由出撃密約」＝「他国への自由攻撃」

という方程式が成立していくことになるからです。

「アメリカの核戦略」をよく理解していた岸

そして最後が本書にもっとも関係のある、

「岸は日本が全面戦争(ジェネラル・ウォー)を回避するために、アメリカの核抑止力に依存していることを認めており、敵の侵略にそなえて機動打撃部隊をつねに準備態勢におくというわれわれの〔軍事戦略上の〕コンセプトを共有しています」

という点です。この文中の、

「機動打撃部隊(モバイル・ストライキング・フォーシズ)をつねに準備態勢におく」

という言葉の意味は、

「核兵器を搭載した空母機動部隊を世界中に展開し、いつでもそこから共産主義国、とくにソ連を核攻撃できる態勢をとっておく」

ということです。

つまり岸は空母を中心とした「アメリカの世界的な核戦略」のコンセプトをよく理解していた。だからこそ、アメリカ政府からあれほど高い評価を受けていたということです。その岸が、核を積んだアメリカ艦船の寄港を拒否することなど、もともとまったくあり得るはずがなかったことがよくわかります。

この岸の基本認識の先に、やはり第二章でふれた、

「討議の記録・2項A&C」＋「基地権密約」＝「〔日本国内の〕基地の自由使用」

というもうひとつの方程式が成立することになったのです。

アイゼンハワーの「人物査定」

一九五七年六月に行われた、岸の首相就任後はじめての訪米は、基本的にこのマッカーサー大使の報告書の内容を、アイゼンハワーとダレスが再確認するという内容のものになりました。

まず首脳会議初日に行われたゴルフ（→108ページ）ですが、岸は回顧録のなかで、

「もともと今回の訪米に当たっては、**首脳会談が〔すべて〕済んだあとにアイク**〔アイ

ゼンハワー」**とゴルフをやる予定にはなっていたが、会談前の予定はなかった**」

とその舞台裏を明かしており、初日（一九日）の会談についても、自分は表敬訪問のつもりだったと述べています（『岸信介回顧録 保守合同と安保改定』廣済堂）。

しかし、実際にはこのときの会談が事実上、第一回めの岸・アイゼンハワー会談（午前一一時半〜午後〇時半）となり、岸はその席上で、まず、

「われわれの保守政党（自民党）は、反共産主義と自由主義に基づく政党であり、日本が自由主義陣営に属することを基本認識としています」（「FRUS」一九五七年六月一九日）

と述べて、アメリカが懸念する、岸以前の自民党政権（鳩山政権と石橋政権）が行ったソ連や中国との融和路線や、アメリカと距離を置く中立主義などは、今後けっしてとることはないという立場を明確にしています。

さらに、全体で一時間という短時間のなか、岸はその後も実にさまざまな問題についての意見表明（プレゼンテーション）を行っていますが、注目されるのは、第一の問題として安保条約を取り上げ、そのなかで、

「日本における米軍の活動が、アメリカ側だけの決定ではなく、日本との協議によって行われるようにしたい」（同前）

と、早くものちの「事前協議制度」について言及していた点でしょう。

一方、岸のよく整理された意見表明を聞いたアイゼンハワーは、基本的にそれに賛意を示すいくつかの大まかなコメントを述べたあと、具体的な問題はこのあと（翌日以降）の協議に任せるとして一時間で会談を終え、前ページの説明のように、岸をその日の予定にはまったくなかったゴルフへ、突然誘いました。

アメリカにとって、今後日本との間で「より強固な軍事協力体制」をスタートさせることは、すでに既定路線になっていました。しかしその重責を担わせるべき岸という男は、いったいどれほどの人物なのか。

アイゼンハワーとしては、それを見きわめたいという気持ちもあったのでしょう。私は多くの人と同じく、どうしても岸のことは好きになれないのですが、１０８ページの写真を見るたびに感心することがあります。

ゴルフにおいては、わずかな精神的動揺がミスショットにつながることが多い。

しかも岸はこの日の午前一〇時にワシントンの空港に到着したばかりで、まだ時差ボケもあったはずです。*

それなのにアメリカ大統領から突然誘われたゴルフのスタートホールで、数多くの新聞記者やカメラマンが見守るなか、日本の命運をかけた岸の第一打は、その日一番のみごとなナイスショットとなったのです。

この精神力はやはり並大抵のものではありません。

こうしてアイゼンハワーによる「人物査定」は無事に終わり、具体的な問題はこの翌日以降の、大統領は参加しない全六回の「岸・ダレス会談」に委ねられることになったのです。

＊ハワイから入国し、一泊したあと、サンフランシスコを経由してワシントンに到着しています

ダレスの「恫喝話法」

翌二〇日、この日二回めの岸・ダレス会談（午前一一時開始）で、ダレスは次のような、お得意の「恫喝話法」を披露しています（「FRUS」一九五七年六月二〇日）。

「もしも日本政府の望みが関係の解消（ディボース）〔＝日米安保条約の破棄〕にあるのなら、われわれはその意志に沿うようにしたいと思います」

「アメリカは、東アジアにおいて別の協定を結ぶこともできます。たとえばオーストラリアはほんの数日前、使節団を派遣して、日本の代わりに彼らの国を工業基地にしてほ

しいと申し入れてきました」

「かつて私が日本の平和条約と〔旧〕安保条約の作成に関わったとき、両国のあいだには友好的で親密な協調関係が存在していました。しかし私が確認したいのは、それが本当に現在の日本政府の望む関係なのかということです。もしそうでなければ、私たちの方からそれを強制することはしたくないのです」

「出た！」という感じですよね。

これが旧安保条約をつくったダレスの大原則なのです。同条約はその前文にある通り、「あくまでも日本の方から、米軍の駐留を希望する」という論理で一貫しており、そのため事実上の占領継続状態が正当化されるという形になっているからです。

この厳しい質問に対して岸は、

「自民党は、日本の未来はアメリカとの緊密な関係のなかにのみ存在すると考えています」と模範的な答えで応じ、ダレスを満足させています。

首脳会談最大のポイント

そして交渉最終日となった翌二一日、午前九時からの会談で非常に重要なやりとりが行われます。それは当日発表される予定の、日米共同声明に関する協議の席上でした。
アメリカ側はすでに、岸の求める「安保改定」と「事前協議制度」を基本的に受け入れることの証（あかし）として、両政府のあいだに新たな委員会〔＝日米安保委員会〕を設置することに合意していました。しかし、その委員会が行う「協議（コンサルテーション）」という言葉の意味が問題になったのです。

ダレスは、

「問題は、現在の共同声明の文言では、アメリカが軍を日本から韓国、台湾、グアムなどに派兵する決定をしたとき、〔日本との〕協議が必要になるのかということなのです」

と真正面から問いかけます。それに対して岸は、

「その点は「〔アメリカが〕実行可能（ウエネヴァー・プラクティカブル）なときはいつでも〔協議する〕」という文言が入っているので問題にはなりません。というのもそうしたケースでは、アメリカは協議が可能と考えないでしょうから」

と明確に答えています（「ＦＲＵＳ」一九五七年六月二一日）。

ここがこの一九五七年六月の首脳会談の最大のポイントです。

つまり日本側が安保改定で求める「事前協議」という言葉の意味は、日本政府と

「合意（アグリーメント）」しなければ、米軍は軍事行動ができないという意味ではない。

「アメリカ政府がどうしてもそれ〔協議〕ができないと判断したときは、たとえ海外派兵をするような場合でさえ、日本政府と協議しなくてもいいのだ」

という大原則が、ここで確認されたわけです。

三年後（一九六〇年）の安保改定で結ばれた三つの密約（→87ページ）は、すべてこのときの岸とダレスの口頭での合意が源流となっています。

つまりそれらの密約は、この口頭合意をシチュエーション別にこまかく分割して文書化したものであると考えれば、過去六〇年間にわたって展開された「事前協議制度」をめぐる大混乱の歴史が、すっきり整理された形で見えてくるはずです。


「事前協議」の概念＝「アメリカが実行できないときはやらなくていい」


もう一度、１３５ページの会話部分をよく見てください。

第二章で述べた、

「討議の記録・２項Ｂ＆Ｄ」＋「朝鮮戦争・自由出撃密約」＝「他国への自由攻撃」

という方程式は、事実上ここで「口頭合意」が行われているのです。

そして具体的な言葉こそ、この会談記録では慎重に避けられていますが、艦船による核兵器の持ち込み（寄港）を認めた、

「討議の記録・2項A＆C」＋「基地権密約」＝「基地の自由使用」

という方程式も、事実上ここで合意されているということができるのです。

なぜなら安保改定で日本側が求める「事前協議」という概念そのものに、「アメリカ政府がどうしても実行できないときは、やらなくてもいい」という意味が含まれているとすれば、

「艦船による核兵器の持ち込みは認める」

という一九六〇年の安保改定における「核密約」はもちろんのこと、

「緊急時には、事前通告によって核の地上配備を認める」

という一九七二年の沖縄返還における「沖縄核密約」（↓18ページ）**もまた、実はこのとき成立していたということになるからです。**＊

＊　ダレスはこの直後に行われた岸・アイゼンハワー会談（↓次ページ）のなかで、前日に岸と夕食をともにしたと述べています。かつて吉田首相が結んだ指揮権密約の例（↓『知ってはいけない』192ページ）と同じく、そのとき口頭で「緊急時には事前通告により、核の地上配備を認める」という密約が結ばれた可能性が非常に高いと私は

考えています。なぜなら最初に「討議の記録」の存在を知らしめたアメリカ政府の機密解禁文書（一九六六年作成）には、「〔在日米軍基地の使用に関する〕協議の取り決めは、公表されたひとつの交換公文（＝「岸・ハーター交換公文」）と、秘密の討論記録（＝「討議の記録」）と、**核兵器に関する文書の形をとらないもうひとつの秘密了解**〔"a further classified understanding, not committed to writing, which concerns nuclear weapons"〕からなっている」と書かれているからです（「日本と琉球諸島における合衆国の基地権の比較」／一九六六年にアメリカ国務省・国防総省が共同で作成した報告書「沖縄基地研究」の第五章部分／沖縄県公文書館で閲覧可能）

共同声明に明記された合意

このもっとも重大な問題についての確認が終わった直後、午前一一時三五分から最後（二回め）の岸・アイゼンハワー会談が行われています。その席上でダレスが、

「幸運なことに、現時点においてわれわれは、自由世界の原則に心から忠実な、そして信頼に値する日本の首相と出会うことができました」

とスピーチし、それから大統領に向かって、

「いまわれわれは、この紳士に対して大きな賭けをしようとしています。しかしそれは両国の未来にとって、きわめて正しい賭けにほかなりません」

と述べ、岸の提案を基本的に受け入れる方針を明言しました（「ＦＲＵＳ」一九五七年六

月二一日）。

そしてその日のうちに発表された共同声明には、すでに述べたとおり、米軍の日本国内での軍事行動について日本政府と協議を行うのは、アメリカ側が「実行可能なとき」であること、つまり「実行できないときはやらなくてもいい」ということが明記され、*[*] **それを前提に安保改定交渉への道が開かれることになったのです。**

＊　最終的な日米共同声明での表現は次のようになりました。
「合衆国によるその軍隊の日本における配備及び使用について**実行可能なときは**いつでも協議することを含めて、安全保障条約に関して生ずる問題を検討するために**政府間の委員会〔日米安保委員会〕を設置する**ことに意見が一致した」

「自民党政権と日米安保体制がつづくかぎり、大丈夫だ」

だから岸にとっては、もともと核兵器を搭載した艦船の国内への寄港など、当然すぎるほど当然の話に過ぎなかった。安保改定交渉が始まるはるか以前の段階で、彼はのちに弟の佐藤が結ぶ「沖縄核密約」までをも含めた、日本の内外における米軍のあらゆる行動について、最終的には拒否しないという合意をしてしまっているからです。つまり、**〝米軍の日本国内・国外におけるあらゆる軍事行動について、日本政府はアメリカ**

政府に協議を求める権利はもつが、最終的にその行動を拒否することはしない〟

実はこれこそが、日米安保体制における日米間の、本当の「協議についての取り決め(consultation formula)」だということなのです。

ここで思いだされるのが第一章で触れた、密約というのは首相の腹芸で行うものだという佐藤の言葉です。このとき佐藤は、

「ようするに君、これは肚だよ」という言葉につづけて、

「何と言ったって最後は相互信頼なんだ。**自民党政権が続くかぎり、そして日米安保条約が続くかぎり、**（略）**大丈夫だよ**」と語っていたのです。

佐藤は一貫して、密約そのものは否定しないが、なるべく文書にはしたくない。**文書があろうとなかろうと、非常事態になったら最後は、**

「［アメリカが］力で押しきればいい」

と述べていました（前掲『他策ナカリシヲ信ゼムト欲ス』）。

つまり、紙に書いたものには意味はない。文書があろうとなかろうと、最終的に米軍は自由に行動する。けれどもアメリカから信頼されて日米安保体制がつづいていくかぎり、そのなかで日本の安全は確保されていくはずだ。とにかく最後はアメリカが、悪い

ようにはせんだろう……。

そういう認識なのです。

岸とのあいだに、どれだけ具体的な会話があったかはわかりませんが、佐藤は兄の結んだ新安保条約の本質を、まちがいなく正確に理解していたと言えるでしょう。

密約を「破って捨てた」岸

岸自身も晩年（一九八三年：当時八六歳）に刊行した回顧録のなかで、

「条文でどうなっていようと、本当に危急存亡の際、事前に協議して熟慮の結果拒否権を発動することに決めてノーと言ったからといって、それが日本の安全に効果があるかどうかは議論するまでもないであろう」

と、その本音を明かしています（前掲『岸信介回顧録』）。

まさに一九五七年の訪米時の「口頭合意」そのままの見解です。

私も最初この発言を読んだときは、一瞬、「これが高度な現実的政治判断というものか」と、つい読み過ごしてしまいそうになりました。

しかし、よく考えてみると、これはまったくおかしな意見です。なぜならその論理の

前提には、

「核戦争が起こったら、日本もアメリカも同じく滅亡する」

「したがってアメリカの安全は、すなわち日本の安全である」

「だからとにかくアメリカの軍事戦略に従うことが、日本の安全にとって最善の道なのだ」という、完全に誤った認識が存在するからです。


少し具体的に想像をしてみてください。たとえば二〇一八年三月六日以前の米朝の軍事的対立期に、もしも米軍に日本の陸上への核兵器の配備を認めていたら、はたして私たちはどれほど大きなリスクを負うことになったでしょうか。いうならばそれは、

「アメリカ様を撃つなら、私を撃て！」

と「親分」の前に我が身を投げ出す「国家としての自殺行為」にほかならないのです。


軍事主権を放棄して他国に委ねるという選択が、国家にとってどれだけ危険か、すぐにおわかりいただけると思います。アメリカが日本の安全を自国の安全と同一視して考えることなど、絶対にありえないからです。

もちろん安保改定交渉は、米ソが互いに人類を何十回も死滅させられるような核兵器を保有し、にらみあっていた時代の話です。六〇年もあとになってから「神の視点」で

その選択を批判することは、フェアではないかもしれません。

しかし、岸はやはり国家の指導者として、ひとつ絶対にやってはいけない致命的な罪を犯している。

それは国家の軍事主権をすべて放棄するような密約をアメリカとの間で結んだだけでなく、それを文書化するプロセスをすべて「親友」に任せ、そのあげく自分は内容をよく理解しないまま、その密約を「破って捨て」、佐藤の言葉にあるように、

〝最後は度胸だ。密約文書など捨てたっていいんだ。自民党政権と日米安保体制がつづくかぎり、アメリカが必ず帳尻をあわせてくれる。なにも問題はない〟

と考えてしまったということです。

それが将来的に、日本という国をどれだけ深刻な危険にさらす暴挙であるかということを、岸はまったく理解していなかったのです。

日本が「自民党＆安保体制」を脱却できない理由

岸や佐藤が愛国者であったことを、私は否定しません。彼らが築いた日米安保体制のうえで、多くの日本人が長く安定した繁栄の時代を生きたことも事実です。

しかし、**すでに述べたように岸は、獄中のA級戦犯容疑者からわずか八年で首相の座に駆け上がる過程で、いかなるかたちでも絶対にオモテに出せない「秘密の関係」をCIAとのあいだで結んでしまっていました。**

それはスケールこそ違っても、弟の佐藤も同じです。岸内閣の大蔵大臣だったときを含め、彼自身が何度も直接、アメリカ大使館に裏ガネを要求していたのです。

〈岸首相の弟である佐藤栄作が、共産主義と闘うための資金援助だといって、金を要求してきました。（略）この申し出はそれほど意外ではありませんでした。**というのは昨年［1957年］も同じような打診があったからです**〉（『CIA秘録』日本版編集部による注）

安保改定交渉がスタートする二ヵ月前（一九五八年七月二九日）、マッカーサー大使はこの電報を本国の国務省に送っています。そしてその電報を受け取った国務省の「極東担当国務次官補」が誰かと言えば、その四年前には東京のアメリカ大使館で首席公使の地位にあり、のちに、

〈岸は五〇年代［一九五四年］に、われわれ東京のアメリカ大使館の働きかけで［その］傘下に納まった〉

という証言を残した、あのJ・グラハム・パーソンズだったのです。

さらにそのパーソンズは一九六〇年一月一九日、問題の調印式（↓99ページ）において、ハーター国務長官、マッカーサー大使とともに三人の署名者のひとりとして新安保条約と地位協定にサインし、このプロジェクトの完成を最後まで見届けているのです。

そうした関係においては、もちろんすべてを自分の腹のなかに呑み込むしかない。そしてもしも、なにか明確な文書があったら、破り捨てるしかないでしょう。

岸と佐藤の言動から感じられる密約文書についての「正常な感覚の麻痺」は、まちがいなくそうした異常な背景のなかから生まれたものだったと言えるでしょう。

自民党という密約がある

岸と佐藤というふたりの兄弟の手によって、誕生・発展した自民党という政党は、このように結党時からＣＩＡやアメリカ政府とのあいだに、あまりにも異常な「絶対にオモテに出せない関係」をつくりあげてしまった。それから六〇年後の現在を生きる私たちは、いま大きな時代の転換期にあたってその深い闇を直視し、自分たちの手でそれを明るい場所に出して、清算する必要があるのです。

そもそもティム・ワイナー氏のいうように、日米安保体制を維持することを約束して岸がＣＩＡから資金提供を受け、保守勢力を結集させて誕生したのが自民党という政党であるのなら、現在のようにどれだけ国家としての主権喪失状態があらわになっても、またどれだけ国際環境が変化しても、日米安保体制に指一本触れられないのは当然といえるでしょう。現在の体制が崩壊したとたん、過去の「偉大な首相たち」のとんでもない闇の部分が明らかになってしまう可能性が、きわめて高いからです。

ティム・ワイナー氏は『ＣＩＡ秘録』のなかで、こう述べています。

「**アイゼンハワー〔大統領〕自身も、日本が安保条約を政治的に維持することと、アメリカが岸を財政的に支援することは、まったく同一の問題（ワン・アンド・ザ・セイム）＊だと判断していた。**大統領はＣＩＡが自民党の主要議員に引き続き一連の金銭を提供することを承認した。（略）**この資金は少なくとも一五年間にわたり、四人の大統領の下で日本に流れ、その後の冷戦中に日本で自民党の一党支配を強化するのに役立った**」

つまり、いわば自民党にとって「日米同盟〔＝日米安保体制〕には指一本触れるな」という党是は、ＣＩＡからの巨額の資金提供とひきかえに、結党時に合意された密約といってよいのです。

＊　この部分は、日本語版では「同じこと」と訳されています

第四章

辺野古ができても、
普天間は返ってこない

―― 軍事主権の喪失と「帝国の方程式」

「私どもが外務省から聞いておりますことは、米軍に対しては、〔日本の国内法は〕地位協定の原則に従ってすべて原則として適用除外である（略）というふうに理解しております」

金井洋（運輸省航空局技術部長）

占領下で合意された
旧安保条約

ダレス国務長官

吉田首相

その極端な不平等条約が
なぜ70年たった今も
まだつづいているのか？

その理由はこれ！

第1項
岸・ハーター交換公文
（新安保条約の正式な付属文書）

第2項
4つの密約条項
A 日本の国土の自由使用①
B 他国への自由出撃①
C 日本の国土の自由使用②
D 他国への自由出撃②

安保改定時に結ばれた
日米密約の王様
「討議の記録」（第二章参照）

密約の存在を認められない
日本の外務省は

北米局長室

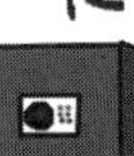

触らぬ神に
祟りなし

「討議の記録」を
北米局長室の金庫にしまい込み
「効力はない」とした

しかしアメリカは
その内容を引き継ぐ新たな
2つの密約をつくり

日米合同委員会

基地権密約

日米安保協議委員会

朝鮮戦争・自由出撃密約

それぞれを密室の協議機関に
引き継ぐことで 再び日本の
軍事主権を奪い取っていった
のだった

「はじめに」でも述べた通り、まもなく朝鮮半島で終戦宣言が行われるかもしれない。一年前には、誰も想像していなかった展開です。

平和条約締結へのスケジュールはまだわかりませんが、トランプ大統領が突然失脚でもしないかぎり、今後、朝鮮半島における緊張緩和が進んでいくことはまちがいない。

その結果、在韓米軍もかなりの部分が撤退していくでしょうし、いま韓国が日本と同じように苦しめられている基地被害の問題や主権侵害の問題も、次第に解消されていくことになるでしょう。

しかし、ではそのとき日本はいったいどうなるのか。

実は沖縄返還（一九七二年）の直前、駆け込みで本土から沖縄に米軍基地を移したように、朝鮮半島での緊張緩和と併行して、日本に在韓米軍基地が移される可能性がある。

そういうと、

「そんなことできるはずないじゃないか。沖縄にこれ以上新しい基地をつくれるものか。本土なんて、それ以上に無理だろう」

とあなたは思うかもしれません。

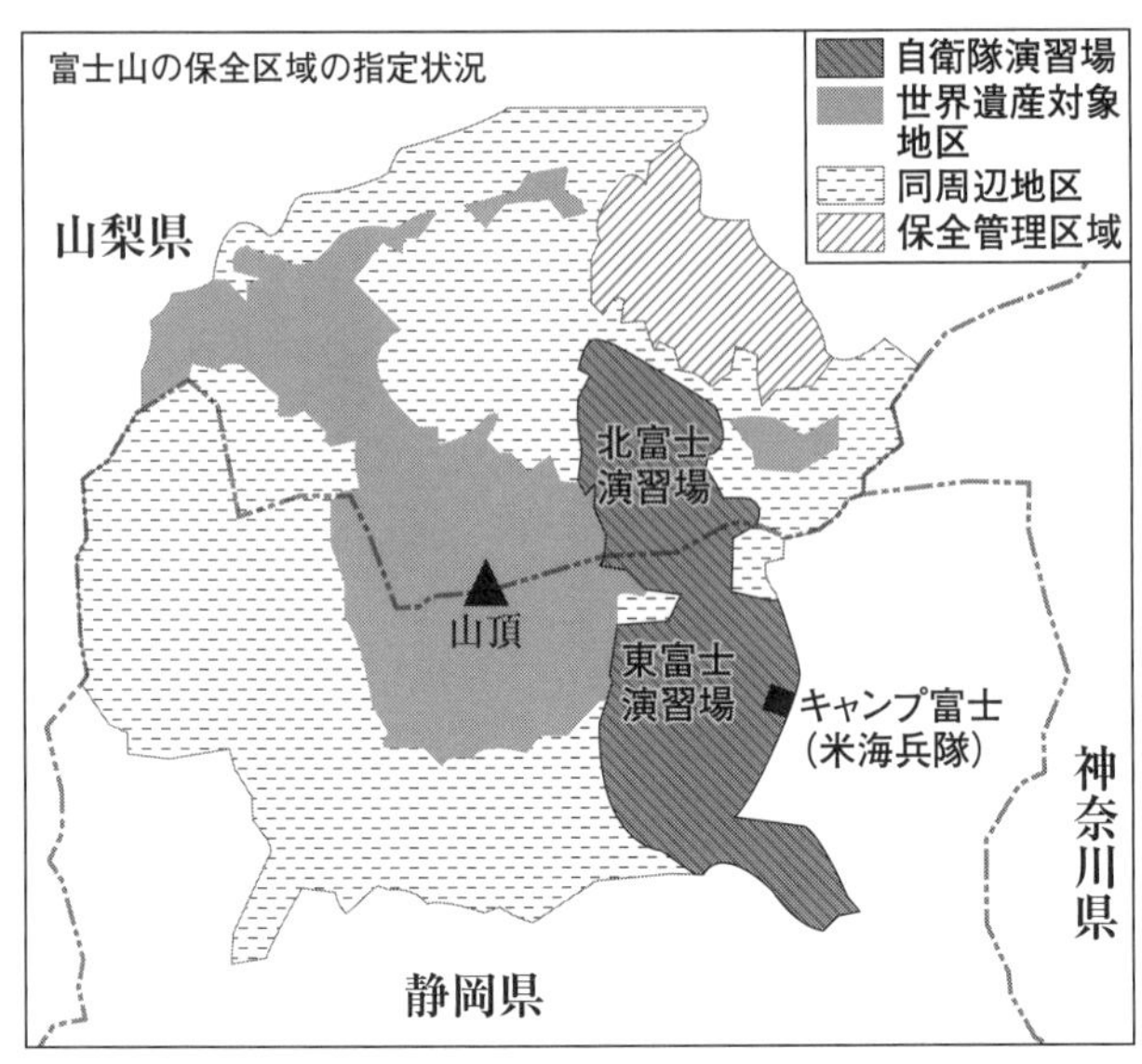

自衛隊演習場／世界遺産対象地区／同周辺地区のみ図示

ところがそれができるのです。そうした魔法のような方法が現実に存在する。

というより、ちょうど半世紀前から、そのプロジェクトはすでに始まっているのです。それが**「全自衛隊基地の米軍共同使用」計画**なのです。

富士山にある米軍基地

上の図を見てください。これは富士山の平面図なのですが、現在その東側のふもとには、広大な自衛隊基地（北富士演習場と東富士演習場）が広がっています。

現在も富士演習場では、米軍によるこのような大規模な砲撃訓練が行われています（写真は155ミリ榴弾砲の発射訓練　アメリカ海兵隊HPより）

ところが現実には、これらはすべて事実上の米軍基地なのです。

そのことを、いったいどれくらいの日本人が知っているでしょうか。

この広大な自衛隊基地は、戦後すぐ米軍に接収された旧日本軍の演習場が、一九六八年（東富士演習場）と七三年（北富士演習場）に返還されてできたものです。

ところがなんとそのウラ側で、日米合同委員会における密約によって、米軍が「年間二七〇日間の優先使用」をする権利が合意されているのです。* 年間二七〇日、つまり一年の四分の三は優先使用できるのですから、これはどう考えても事実上の米軍基地なのです。

おそらく、すぐには信じられないかもしれません。けれどもそれはアメリカ政府の機密解禁文書によって完全に証明された、まぎれもない事実なのです。

＊ 正確には「年間二七〇日間は全演習場の最大六五％を使う権利と、そのうちの三〇日間は百パーセントを使う権利」。詳しくは『「日米合同委員会」の研究』（吉田敏浩　創元社）を参照

やがてすべての自衛隊基地を米軍が使用することになる

米軍およびアメリカの軍産複合体がなぜ、こうした使用形態を今後すべての自衛隊基地に拡大したいと考えているかといえば、

○「自衛隊基地」という隠れ蓑によって、「米軍基地」への反対運動を消滅させることができる。
○同じく、基地の運用経費をすべて日本側に負担させることができる。
○今後海外での戦争で自衛隊を指揮するための、合同軍事演習を常に行うことができる。
○危険を察知したときは、すぐに撤収して日本国外へ移動することができる。

米軍にとって、いいことずくめだからなのです。

現在、日本の外務省の見解では、こうした米軍による自衛隊基地の使用は「地位協定・第2条4項b（ニー・ヨン・ビー）*」によって認められた、正当な権利だということになっています。

したがって現在の自民党政権がつづくかぎり、今後もし、この形が全国に広がって、すべての自衛隊基地を米軍が共同使用するようになったとしても、法的・政治的に抵抗する方法は、ほとんどないということになってしまうのです。

＊日米地位協定・第2条4項b「合衆国軍隊が一定の期間を限って使用すべき施設及び区域に関しては、合同委員会は、当該施設及び区域に関する協定〔＝合同委員会で結ばれる協定〕中に、適用があるこの協定〔＝地位協定〕の規定の範囲を明記しなければならない」。わかりにくい条文ですが、同第2条1項aで〈米軍は新安保条約・第6条によって日本国内の基地の使用を許され、その協定は合同委員会で結ぶ〉となっているため、合同委員会で合意すれば、米軍は自衛隊基地を期間を定めて使用できるという意味です

辺野古ができても、普天間は返ってこない

そしてこの「全自衛隊基地の米軍共同使用」計画について考えるたび、私はいつも非常に不吉な予感に襲われるのです。なぜなら現在、日本への返還が正式に決まっていながら、そこに駐留する米軍の司令官たちが口を揃えて、

「いや、オレたちはここから出ていく予定はない」

「最低でもあと二五年は駐留する」

などと言っている不思議な米軍基地がひとつあるからです。

沖縄の普天間基地です。

辺野古の米軍基地が完成しても、緊急時の民間施設〔那覇空港〕の使用など、いくつもの付帯条件が整わなければ普天間基地は返還されないということは、すでに稲田朋美防衛大臣（当時）が明言していますし、*たとえ一度返還されたとしても、その土地が民間利用ではなく、そのまま自衛隊基地となり、さらには先の地位協定「第2条4項b（ニー・ヨン・ビー）」によって、富士演習場のような事実上の米軍基地となる可能性は非常に高いと私は思っています。

＊　二〇一七年六月一五日、参議院外交防衛委員会での答弁

自衛隊の訓練空域は、すべて米軍との共同使用が可能

「そんなこと、あるはずないだろう」

という人は、左ページの日本の空の地図をご覧ください。

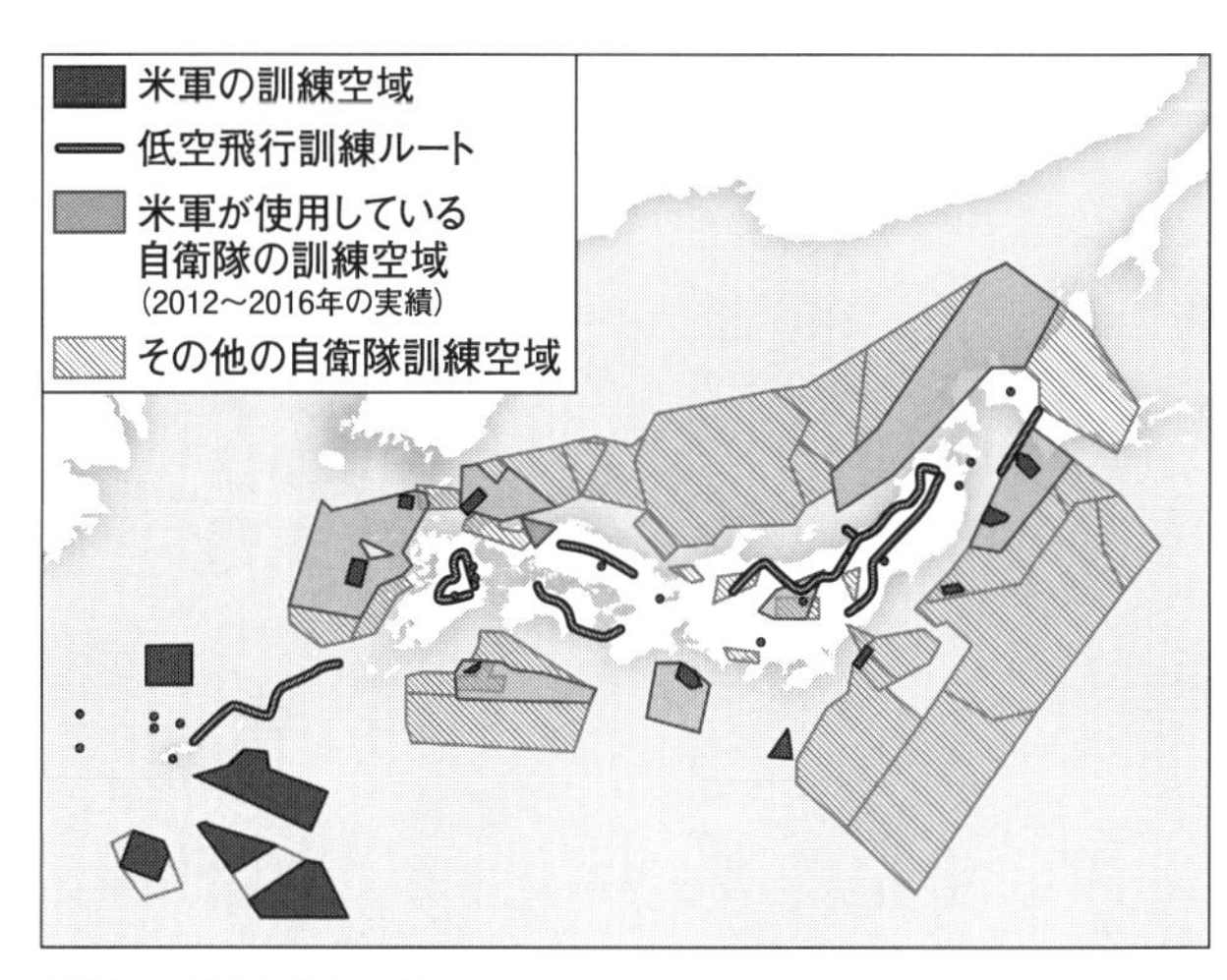

米軍と自衛隊の訓練空域
（日本共産党衆議院議員・塩川鉄也氏のHP中の防衛省提出資料をもとに作成）

実はこの図のほとんどは自衛隊の訓練空域なのですが、急速に進む日米の軍事的一体化によって一九七一年以降、米軍は事実上すべての自衛隊の訓練空域を「自衛隊との間で調整して」演習に使えるようになっているのです。*

つまり日本の「空」ではすでに、自衛隊の訓練空域は、すべて米軍との共同使用が可能になっているのです。

日本における米軍の権利拡大は、つねに住民の抵抗が少ない「空」から始まります。「空」で起きたことは、そのうち「地上」でも起きると考えておいて、まずまちがいはないのです。**

* 一九八七年八月二七日の参議院・内閣委員会

での渡辺允・外務大臣官房審議官の説明。
「射撃等を伴わない形でのいわゆる戦技の訓練を行うというような場合には、**昭和四十六年八月の航空交通安全緊急対策要綱というものがございますけれども、そこに定められております自衛隊の訓練空域を米空軍と航空自衛隊との間で調整をしながら、米空軍はそれを利用して訓練を行っておるということでございます**」

＊＊防衛省が出している「防衛白書」にも、「我が国の防衛の基本方針」のなかに「米軍・自衛隊の施設・区域の共同使用の拡大を引き続き推進する」と明記されています（平成二九年版）。また今年（二〇一八年）の一〇月三日に発表された、いわゆる「第4次アーミテージ・ナイレポート」（21世紀における日米同盟の刷新）でも、自衛隊と在日米軍の基地の共同使用が提案されています

なぜふたつの方程式は生まれたのか

ではなぜそのような、世界でただ一ヵ国だけの異常な主権喪失状態が、敗戦からすでに七〇年以上たった日本で、いまだにつづいているのでしょう。

実はその最大の原因こそ、第二章で説明した左のふたつの方程式にあるのです。

「討議の記録・2項A&C」＋「基地権密約」＝「基地の自由使用」

「討議の記録・2項B&D」＋「朝鮮戦争・自由出撃密約」＝「他国への自由攻撃」

このモザイク状の方程式は、なぜ生みだされる必要があったのか。

そもそもなぜ、「討議の記録」に書かれていた四つの密約条項（ABCD）の内容を、「A&C」「B&D」とたすき掛けの形で分割したような、独立したふたつの密約文書（「基地権密約」文書と「朝鮮戦争・自由出撃密約」文書）を新たにつくる必要があったのか。

藤山とマッカーサーが一九六〇年一月六日にサインしたこの三つの密約文書のうち、「討議の記録」はその後、まちがいなく外務省北米局（アメリカ局）の金庫の奥深くに隠され、一九六八年以降は「東郷メモ」と一体となるかたちで、外務省のなかでもほんのひと握りの超エリート官僚しか知らない「密教の経典」となっていきました。

しかしその一方で、そこから切り出された「基地権密約」文書と「朝鮮戦争・自由出撃密約」文書は、すぐに「別の場所」へと運ばれ、そこで「金庫の中の経典」のまるで分身のようにして、現実世界で猛烈な活動を開始することになったのです（その姿は私に、伝説上の陰陽師（おんみょうじ）が操る「人形（ひとがた）」の動きを連想させます）。

その「別の場所」こそ、米軍の論理が日本の官僚や政治家たちを支配する「究極の密室」――日米合同委員会と日米安保協議委員会だったのです。

「基地権密約」文書と日米合同委員会

　それではまず「基地権密約」文書の方から見ていきましょう。藤山とマッカーサーによってサインされたあと、この密約文書は、どんな運命をたどったのか。

　第二章にのせた密約文書（→89ページ）の1ページめに、マッカーサーはこう書いています。

「藤山と私は昨日、**在日米軍が事前に同意した以下のテキスト**に合意した。藤山と私がこれに〔後日＝一九六〇年一月六日〕イニシャル・サインをして、**その後、新しい合同委員会の第1回会議の議事録に入れることになる**」

「在日米軍が同意した以下のテキスト」というのが基地権密約の本文で、その内容はすでに述べた通り、旧安保条約時代に米軍が手にしていた「基地権」は、日米合同委員会における秘密合意も含め、すべて安保改定後も変わらず引き継がれるというものでした。

　そもそも安保改定で「行政協定」を「地位協定」に変更する場合は、あくまで「見かけ（アピアランス）」だけを変えるのであって、実質的な変更はいっさい行わない。それが安保改定交渉を始めるにあたって、アメリカの軍部が前提とした絶対条件であり、マッカーサーも交渉のなかで岸と藤山に対して、何度もその点については説明をしていたのです

（「FRUS」一九五八年一〇月一三日、一九五九年四月二九日他、多数）。

そのことをあらためて確認したこの密約文書に、藤山とマッカーサーがイニシャルだけのサインをして、さらに新安保条約が発効したあと再スタートする最初の日米合同委員会の議事録に編入することにしたというのです。

いったい彼らはなぜ、それほど複雑なことをする必要があったのでしょうか。

藤山とマッカーサーの不可解な行動

次ページの秘密文書で報告されているように、安保改定後に再スタートした第一回・日米合同委員会で、たしかに基地権密約文書は同委員会の議事録へ編入されています。

この報告書を読むと、第一回・日米合同委員会に出席した日本側のメンバーは、代表の森治樹アメリカ局長や、東郷安保課長のほか、外務省、防衛庁、大蔵省などからの出席者をあわせて計九人となっています。

会議が行われた場所は、外務省の本省。そして日付は一九六〇年六月二三日。そうです。あの藤山が岸に対して強い怒りを覚えた、新安保条約が発効した日だったのです。

そしてこの日付のなかにこそ、藤山とマッカーサーの不可解な行動の謎を解くカギが隠

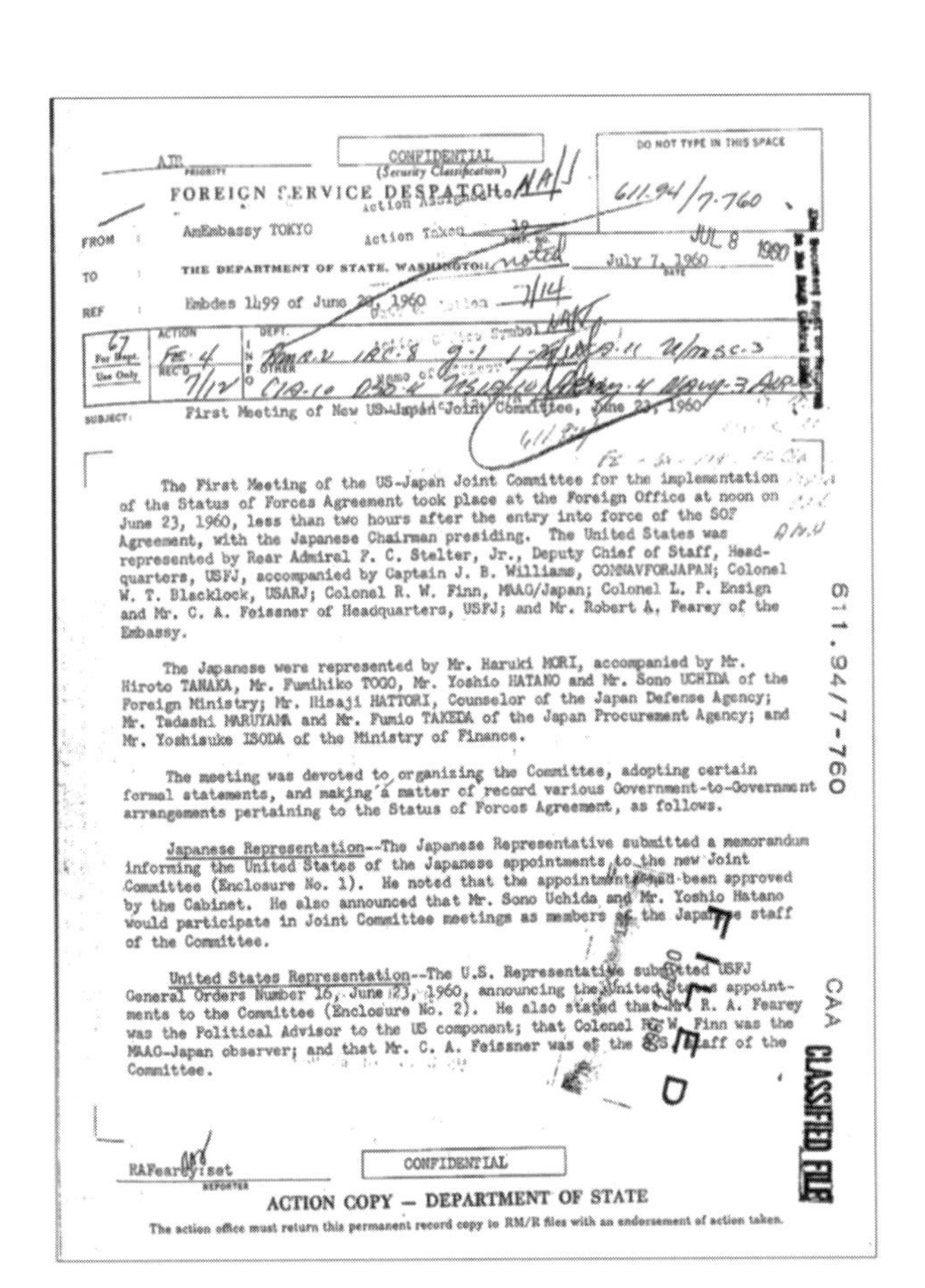

CONFIDENTIAL
(Security Classification)

A-10
PRIORITY

FOREIGN SERVICE DESPATCH

DO NOT TYPE IN THIS SPACE

611.94/7-760

FROM : AmEmbassy TOKYO

TO : THE DEPARTMENT OF STATE, WASHINGTON

July 7, 1960
DATE

REF : Embdes 1499 of June 20, 1960

SUBJECT: First Meeting of New US-Japan Joint Committee, June 23, 1960

The First Meeting of the US-Japan Joint Committee for the implementation of the Status of Forces Agreement took place at the Foreign Office at noon on June 23, 1960, less than two hours after the entry into force of the SOF Agreement, with the Japanese Chairman presiding. The United States was represented by Rear Admiral F. C. Stelter, Jr., Deputy Chief of Staff, Headquarters, USFJ, accompanied by Captain J. B. Williams, COMNAVFORJAPAN; Colonel W. T. Blacklock, USARJ; Colonel R. W. Finn, MAAG/Japan; Colonel L. P. Ensign and Mr. C. A. Feissner of Headquarters, USFJ; and Mr. Robert A. Fearey of the Embassy.

The Japanese were represented by Mr. Haruki MORI, accompanied by Mr. Hiroto TANAKA, Mr. Fumihiko TOGO, Mr. Yoshio HATANO and Mr. Sono UCHIDA of the Foreign Ministry; Mr. Hisaji HATTORI, Counselor of the Japan Defense Agency; Mr. Tadashi MARUYAMA and Mr. Fumio TAKEDA of the Japan Procurement Agency; and Mr. Yoshisuke ISODA of the Ministry of Finance.

The meeting was devoted to organizing the Committee, adopting certain formal statements, and making a matter of record various Government-to-Government arrangements pertaining to the Status of Forces Agreement, as follows.

Japanese Representation--The Japanese Representative submitted a memorandum informing the United States of the Japanese appointments to the new Joint Committee (Enclosure No. 1). He noted that the appointments had been approved by the Cabinet. He also announced that Mr. Sono Uchida and Mr. Yoshio Hatano would participate in Joint Committee meetings as members of the Japanese staff of the Committee.

United States Representation--The U.S. Representative submitted USFJ General Orders Number 16, June 23, 1960, announcing the United States appointments to the Committee (Enclosure No. 2). He also stated that Mr. R. A. Fearey was the Political Advisor to the US component; that Colonel R. W. Finn was the MAAG-Japan observer; and that Mr. C. A. Feissner was of the US Staff of the Committee.

RAFearey:set
REPORTER

CONFIDENTIAL

ACTION COPY — DEPARTMENT OF STATE

The action office must return this permanent record copy to RM/R files with an endorsement of action taken.

611.94/7-760

FILED

CLASSIFIED FILE

【資料⑨】1960年6月23日に行われた、安保改定後の第1回・日米合同委員会の秘密報告書

(『アメリカ合衆国 対日政策文書集成 第I期 第5巻』石井修監修 柏書房より)

されていたわけですが、それについてはまたあとでまとめて説明することにします。

「朝鮮戦争・自由出撃密約」文書と日米安保協議委員会

次に「朝鮮戦争・自由出撃密約」（→91ページ）の方を見てみましょう。

この密約文書にはいくつかの異なったバージョンがあるのですが、その多くには、「第一回・日米安保協議委員会のための議事録」という文書名がついています。

少し説明が遅れましたが、この「日米安保協議委員会」こそが、本書でこれまで取り上げてきた「事前協議」を行うために、安保改定で新設された機関なのです。*

その後一度改組されて、現在のメンバーは日本側が外務大臣と防衛大臣、アメリカ側が国務長官と国防長官という四人の閣僚になっているため、一般に「2＋2（ツー・プラス・ツー）」（外務・防衛担当閣僚会議）という名で呼ばれていますが、創設時のメンバーは、アメリカ側は駐日大使と太平洋軍司令官（代理：在日米軍司令官）、日本側もまだ防衛大臣ではなく防衛庁長官と外務大臣でした。

＊ 岸の訪米後、一九五七年八月にまず「日米安保委員会」が東京で設置され、それが新安保条約の発効とともに、同4条にもとづく正式な協議機関「日米安保協議委員会」となりました

日米安保協議委員会の「準備会合」でのサイン

この「朝鮮戦争・自由出撃密約」については、ただ委員会の議事録に文書を編入するのではなく、本来は第一回・日米安保協議委員会の席上で、実際に藤山外務大臣がその文面を読み上げる予定になっていたようです。*

けれども実際には岸内閣が、安保反対運動の激化した責任をとって一九六〇年七月一五日に総辞職したため、その二ヵ月後の九月八日に開かれた第一回・日米安保協議委員会に、もちろん藤山は出席していません。

ではどうなったのか。

第一章に登場したジャーナリストの春名幹男さんが、アメリカのフォード大統領図書館で発見した別バージョンの密約文書には、日付が六月二三日で、本文の冒頭に「本日の日米安保協議委員会・準備会合で」と書かれたものがあったそうです。

つまりアメリカ政府は岸が退陣したあと、次の政権が密約を拒否する可能性を懸念して、岸政権がまだ存続している六月二三日の批准書交換式の場に「日米安保協議委員会・準備会合」の役割をもたせ、そこでサインをすませた可能性があるというのです。**

たしかにそう考えると、あのきわめて有能なマッカーサー大使が大事な批准式になぜ三〇分も遅れてきたのかがわかります（↓第三章）。おそらく突然決まった「準備会合でのサイン」のために必要な調整を、本国および日本側と行っていたのでしょう。

＊「日米安保条約下の協議取り決めに関する記述」（一九六〇年六月：National Security Archive所蔵資料）
＊＊「いわゆる「密約」問題に関する有識者委員会報告書」（外務省ＨＰ）

日本人は誰も知らない「ふたつの法的な出来事」

このように新安保条約が発効した一九六〇年六月二三日に、日本人はほとんど誰も知らない、次のふたつの法的な出来事が起こっていたわけです。

○「基地権密約」文書の、日米合同委員会の議事録への編入
○「朝鮮戦争・自由出撃密約」文書の、日米安保協議委員会の議事録への編入

そのことが持つ本当の意味を、当日、外務省の省内で第一回・日米合同委員会の会議に出ていた森や東郷、そして港区白金台の外務大臣公邸で新安保条約の批准式に立ち会

っていた次官の山田を含め、いったい何人の外務官僚が正しく理解できていたのか。

もちろん政治家は誰ひとり、まったく理解できていなかったでしょう。というのも106ページで紹介した藤山の回想録には、批准式当日の岸への怒りの言葉につづけて、「私は岸さんに「全部終わりました。マッカーサー大使も無事大使館に戻りました」と、いいいいだけ報告して帰ってきた」と書かれているからです。

つまり「安保改定」という、三つの密約を含むこの巨大な法的ピラミッドについて、おそらく政治家レベルではなんの引き継ぎも行われなかったことがわかるのです。

第一章で述べたように、岸政権から池田政権に「討議の記録」が、その解釈はもちろんのこと、文書そのものさえ引き継がれていなかったという信じられない状況も、こうして歴史を振り返ってみると、きわめて当然だったと言えるでしょう。

そして結局、この「公的な記録の断絶」という大きな弱点をアメリカ側から利用された結果、日本の外務省は大混乱に陥って交渉力を喪失し、せっかく安保改定をしたにもかかわらず、その後、日本の主権は再び公然と奪い取られていくことになったのです。

「日米行政協定」ではなく「行政上の取り決め」で決める

その主権喪失の歴史をこれから簡単に振り返ってみたいと思いますが、その前に、一九六〇年六月二三日に起きた163ページのふたつの出来事が、日米安保体制のなかでどのような法的な意味を持っていたかについて、もう少しご説明しておきたいと思います。

まずポイントは、「日米合同委員会」と「日米安保協議委員会」というふたつの協議機関が持つ法的な機能です。

第二章でも少し触れましたが、旧安保条約と行政協定は、そもそも「日米合同委員会」という協議機関の存在を、百パーセント前提として書かれた取り決めでした。

それは旧安保条約を英文で読むとすぐにわかるのです（以下、英文からの著者訳）。その第3条には、「米軍を日本に配備する条件」は、

「日米行政協定（the Administrative Agreement）」によって決めるとは書かれておらず、

「日米両政府間の、行政上の協定（administrative agreements）」

によって決めると、はっきり書いてあるからです。
つまり**在日米軍のもつ法的な特権は、一九五二年四月に発効した「日米行政協定」の条文だけでなく、それに加えて、その後毎月二回「日米合同委員会」の密室で合意されつづける無数の「行政上の合意」に基づいて決定される**ということを意味しているので

す。**しかもその米軍主導の密室でなにが合意されたかは、米軍側の同意がなければ永遠に外部に公表することができず、また「行政上の合意」であるため、日本の国会の承認を受ける必要もない。**

つまり、どこからもブレーキをかけられない法的構造になっているのです。

ですから旧安保時代は、占領期とほとんど変わらないような米軍の無法状態がつづいていました。米軍は日米合同委員会で日本の官僚と合意すれば、なんでも自由に実行できたからです。そうした「占領期の残滓（のこりかす）」を取り払い、対等な主権国家どうしの「日米新時代」をスタートさせるのだということが、そもそも岸の安保改定の最大の目的だったはずなのです。

なぜ、旧安保時代の米軍の特権が、すべて継続したのか

ところが残念ながら、その法的な構造は安保改定で、まったく変化しませんでした。

というのも新安保条約・第6条の後半部分（→２４４ページ）には、米軍の法的権利は、「日米行政協定に代わる別の協定」〔つまり「日米地位協定」〕と、**「その他の合意される取り決め」によって決定される**と書かれているからです。

この「その他の合意される取り決め」のなかに、

○「日米合同委員会における秘密合意〔＝合意議事録〕」と、

○「日米安保協議委員会（およびその下部組織）における秘密合意〔＝合意議事録〕」

の両方が含まれているわけです。

そのため新安保条約が批准されたあと、日米合同委員会と日米安保協議委員会の議事録に入れられた先のふたつの密約文書は、ほんの数人の日本人しかその存在を知らない、しかも正確な内容については誰ひとり理解していない、とんでもない内容の文書であるにもかかわらず、法的には新安保条約・第6条に基づく、日米地位協定と同レベルの効力を持つ取り決めだということになってしまったのです！

特に「基地権密約文書」の内容はすでに述べた通り、「旧安保時代の米軍の特権は、すべて地位協定の文言のなかに引き継がれる」というものですから、それが新たに再スタートした日米合同委員会の議事録に編入されたことで、過去の大量の秘密合意もまた、すべて地位協定と同じ効力を持つことになってしまったのです（次ページの図参照）。

【資料⑩】「日本国内での米軍の行動」に、無制限の自由を認める法的構造

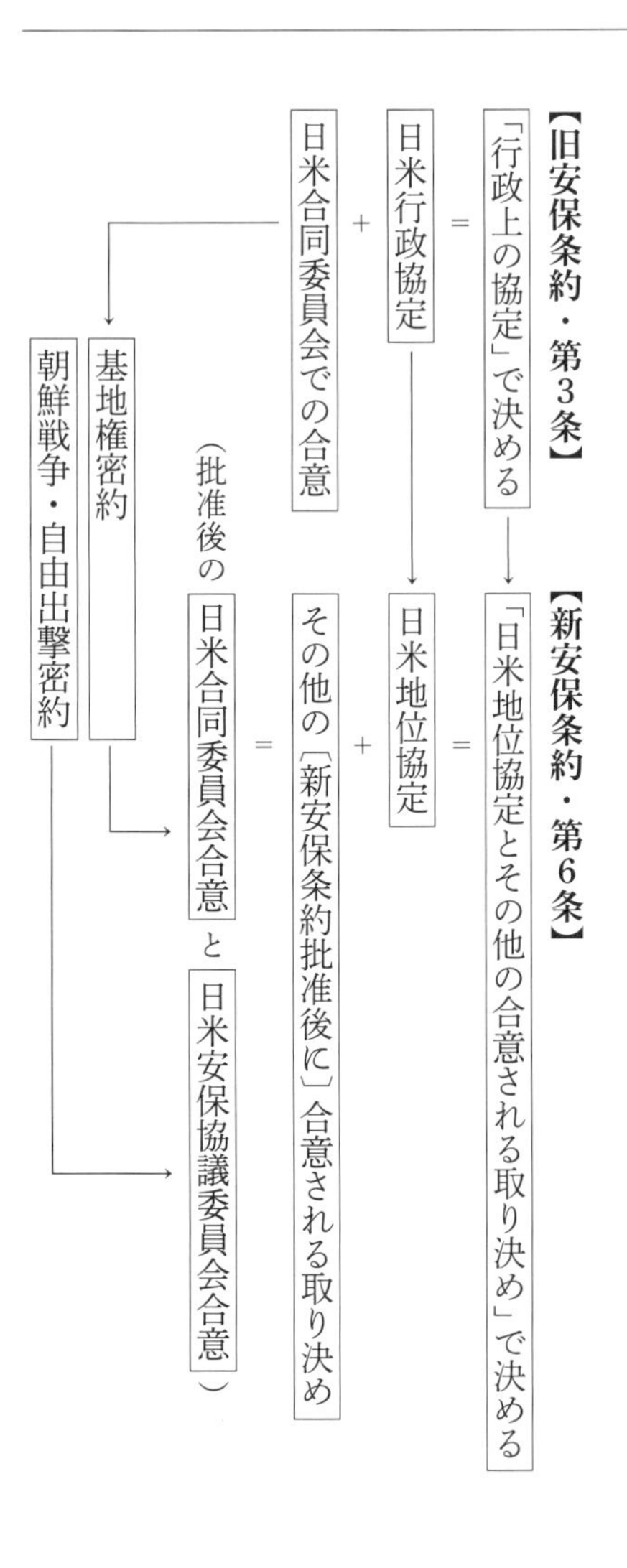

その結果、密室で合意された日米合同委員会や日米安保協議委員会の決定が、憲法も国会も関係なくそのまま実行されるという、安保改定前と変わらぬ体制が継続することになりました。しかも**「砂川裁判・最高裁判決」**（→92ページ）が出されているため、米軍の行

動が裁判で違法となる可能性はゼロ〔ここが旧安保時代より、はるかに悪化した点です〕。したがって米軍は、日米地位協定の条文さえ、まったく守らずに日本で行動できる。そうした世界で唯一の異常な状態が、完全に「合法化」されることになったわけです。

エスカレートする米軍機の訓練飛行

これは本当にひどい話だと思いますが、私は右の図のような法的な構造を知って、

「ああ、そういうことだったのか」

と、以前から不思議に思っていた謎が解けたような気がしました。

つまり、沖縄などで基地の取材をしていると、

「なぜ米軍はこれほど堂々と、地位協定の取り決めを守らないでいられるのか」

と不思議で仕方がなかったからです。ところが**右ページの法的な構造を知ってわかったのは、結局地位協定の条文には「過渡的な意味しかなかった」ということなのです。**

重要なのは、あくまで安保条約に書かれた米軍の法的権利であって、地位協定の条文はその「完全な獲得」に向けての過渡的な合意文書でしかない。

なぜなら地位協定を結んだあとも米軍は、日本国民や基地周辺の住民の顔色を見なが

ら、日米合同委員会や日米安保協議委員会で絶えず新たな秘密合意を結んで、少しずつ日本人の主権を奪いとっているからです。

たとえばこの章のはじめの、いつの間にか米軍機は日本の国土の上空で自由に軍事訓練をしているという問題も、もともと日本政府が説明していた法的根拠となる条文は、

〈米軍機は、米軍基地と米軍基地および日本の飛行場との間を移動する権利をもつ〉

という「地位協定・第5条2項」でした。

ところが、いつの間にか政府の説明は、

「基地の間の移動ルートは決まってないので、日本の上空をどこでも飛行できる」（一九五〇年代）

⇩

「移動の途上で軍事演習をしてもよい」（一九七〇年代半ば～）

⇩

「射撃訓練以外の演習は、どこで何をやってもよい」（一九八〇年代後半～）

⇩

「安全性を考慮した上でなら、訓練地域外での実弾射撃訓練も許される」（同右）

「低空飛行訓練ルートを常設して、そこで訓練を行ってもよい」（一九九〇年代末〜）
⇩
「歯止めのない、日本の上空全体での米軍の軍事演習」（↑いまここ）

というように、次第にエスカレートしてきているわけです。

「帝国の方程式」というシステム

私はこうした米軍の権利拡大の背後に存在するシステム（または「手口」）**を「帝国の方程式」とよんでいます。**

というのも、非常に長期にわたって進行する米軍の権利拡大のプロセスを考えるうえで、どうしても押さえておかなければならない重要なポイントがあるからです。

それは政治的な支配、とくに異民族の支配には、

①「紙に書いた取り決めを結ぶ段階」〔＝ごく少数の政治指導者層の支配〕**と、**
②「その取り決めを現実化する段階」〔＝国民全体の支配〕

というふたつの段階があるということです。

たとえば①の段階では、どんな取り決めを結ぶことだって可能です。それこそ「無条件降伏」という、戦争に勝ったほうが負けたほうに対して、なにをしてもよいという取り決めでさえ、紙の上では結ぶことができる。

ただしそれは、あくまで「その国の政治指導者」という、ごく少数の人々と合意しただけの話であって、何百万人、何千万人もの当事者がいる②の段階では、もちろんそんなことは不可能なわけです。いくら敗戦国だって、あまりにひどい人権侵害をすると、必ず大きな抵抗運動が起きてしまう。

一九六六年から駐日大使として、また一九六九年からは国務次官として沖縄返還交渉を担当したアレクシス・ジョンソンは、かつて回想録の中でこう述べていました。

「たとえわれわれ〔アメリカ政府〕が条約上どんな「自由」を保持していても、〔相手国の〕国民がこれに敵意を持っていれば、実際に〔その権利を〕行使することはできない」（『ジョンソン米大使の日本回想』草思社）

つまり、

「条約上の権利を得ること（前ページの①）」と、

「その権利を現実の世界で行使すること〈同②〉」は、概念のうえでは一見、同じもののように思えるけれど、そのあいだには実は非常に大きな隔たりが存在する。権利を行使する側にとって、②の制約〈政治的な制約〉は、①の制約〈条約上の制約〉よりも、つねに、はるかに大きいということなのです。

三段階のプロセス

そこで、その隔たりを埋めるために採用されるのが、先ほどの安保条約と地位協定の例にもあるような、

1　まず最初に、非常に不平等な取り決めを条約として結んでしまう〈法的権利の確保〉
2　次に比較的ましな、具体的な運用協定を結ぶ〈相手国の国民の懐柔〉
3　その後は、右の1と2の落差を埋める形で、少しずつ自分たちの権利を拡大していく〈1の法的権利の表面化〉

という戦術的なプロセスです。これが「帝国の方程式」〈日本側から見れば「属国の方程

式」）なのです。*

このやり方が効果的なのは、すべてが、「1の段階ですでに合意されていた法的権利の表面化」という形で少しずつ進行するため、**特定の交渉担当者（日本でいうと特定の外務官僚や外務大臣や首相）が、個人として責任を問われたり、罪悪感を覚えたりする度合いが非常に少なくなるということです。本当に越えてはいけないラインを越えてしまったのが誰なのか、よくわからなくなってしまうからです。

＊　その途中で起こる条文の改定による見かけ上の権利の縮小は、必ず密約によって補填されます。それを前著では「古くて都合の悪い取り決め＝新しくて見かけのよい取り決め＋密約」という「密約の方程式」で説明しています

＊＊このプロセスおよびベクトルを、米軍側の視点と用語を使って式にすると、左のようになります

政治的な制約 ＜ 条約上の制約
⇩
政治的な制約 ＝ 条約上の制約

「帝国の方程式」を前に進める三つの車輪

この問題が、なぜそれほど重大だと私は思っているのか。

それは私がこれから本書のなかで、アメリカとの密約をめぐって展開した過去半世紀以上におよぶ外交上の混乱と、それがもたらした国会の機能停止状態、さらには日本の

国家主権の喪失という大問題について、その原因を突き止め、分析して、問題の解決に貢献したいと考えているからです。

その大混乱の本当の犯人は、いったい誰なのか。

実はそれこそが、いまお話しした「帝国の方程式」だと私は思っているのです。

さらにその方程式を大きく前に進める三つの車輪が、ここまでご説明してきた、

「安保改定時に結ばれた三つの密約」と、

「その密約を機能させるためのふたつの組織（日米合同委員会と日米安保協議委員会）」

それに加えて、

「米軍の強引な要求を実現するためにアメリカ国務省が使う、ひとつの外交テクニック」

だと考えているのです。

「三つの密約」と「ふたつの組織」については、すでにご説明しました。

そこでこのあと、最後の車輪である「ひとつの外交テクニック」についてお話ししようと思っているのですが、それがまったくあっけにとられるほど単純で、子どもが使うような、だからこそ実に効果的な方法であることがすぐにおわかりいただけると思います。

意図的に相手を理解させる「究極の外交テクニック」とは

まず173ページの「1→2→3」の流れを、じーっと穴があくほどよく見てください。

このプロセスのウラ側に、それとまったく同じ論理構成に基づく、安保改定後、日本外交を大混乱に陥れたアメリカ外交の最高のテクニックが隠されているのです。

今回、私が安保改定交渉の歴史を一から たどって発見した、その究極の外交テクニックとは……。

いいですか、驚かないでよく聞いてくださいよ。

それは相手国に都合の悪い内容を、

「条文には書くが、その意味は教えない」〔プロセス1(ワン)〕

というテクニックだったのです……。

どうですか。思わず、ヘナヘナと腰がくだけそうになったかもしれません。

こんな「非英語圏」の人間に対するイジメのような戦術が、本当に世界の覇権国であるアメリカの、最高の外交テクニックなのでしょうか。

しかし、安保改定の交渉記録を詳しく見ていくと、このあとすぐに説明するように、たとえば交渉のスタート時点では、岸と藤山には確実にアメリカ側の意図する条文の意味が伝えられていますが、ほかの官僚たちには意識的に教えていないことがわかります。

さらには最終段階になっても、たとえばハーバード大学への留学経験をもつ「ミスター外務省」東郷文彦でさえ、「討議の記録」や「基地権密約」などの非常に重大な密約について、アメリカ側がそこに潜ませていた意図（→78ページの注、82ページの本文など）をほとんど理解しないまま、合意していたことがわかるのです。

でもそれは当然で、東郷が悪いわけではないのです。語学力の問題でもありません。もともとアメリカ側が明確な意図のもと、誤解するように仕向けているのですから。

安保改定交渉の初日の記録（一九五八年一〇月四日）

では問題の、安保改定交渉が正式にスタートした一九五八年一〇月四日の記録を見てみましょう。前述したテクニックの存在を明白に示すふたつの解禁文書があるのです。

ひとつは外務省が問題の密約調査において、意図的に調査対象から外した非常に重要なアメリカ政府の極秘文書です（→179ページ）。これはマッカーサー大使が国務省の先輩外交官であるボーレン駐フィリピン大使に送った、一〇月二二日の公電です。

そのなかでマッカーサーは、一〇月四日に自分が**岸と藤山に対して**、

「**核兵器を搭載した**アメリカの軍艦の、日本の領海と港への進入（エントリー）の問題は、以前と同じくつづけられ、協議の対象にはならない」（→左ページ・点線内）

との内容について説明したと、はっきり書いています。*

ところが、ダレス国務長官へ送った公電（一〇月一三日）では、マッカーサーは日本の官僚たちからの質問に対して、**一〇月四日の説明と同じく**、

「協議は、海軍艦船の通常の寄港（ルーティン・エントリー）については行われない。海軍艦船には、米軍の部隊・艦船・航空機の進入（エントリー）に関する現行の手続き（プレゼント・プロシージャ）が適用されるものと考えている」

と説明したと報告しています（『アメリカ合衆国　対日政策文書集成　第Ⅴ期　第5巻』石井修　小野直樹監修　柏書房）。

そこにはボーレン大使への説明と違って、「核兵器を搭載した艦船」という内容がどこにも見当たらないのです。

つまり、こういうことです。一〇月四日にマッカーサーが、官僚たちも同席した日米交渉の前後に岸と藤山とだけの会談の場を持ってそこで説明したのか、それとも別の日

DECLASSIFIED
Authority
By NARA Date

TELEGRAM — Foreign Service of the United States of America

OUTGOING — American Embassy TOKYO

SECRET
Classification — Control:
-2- — Date:
Precedence:

"'into Japan' refers only to nuclear weapons and (B) question of entry into Japanese waters and ports of US warships carrying nuclear weapons shall continue as in past and not fall within consultation formula."

Info:

I asked Kishi and Fujiyama for their views as to how agreed interpretation might best be recorded. Present prospect is that consultation formula itself, in whatever form finally agreed, would be made public, perhaps as agreed minute or in Exchange of Notes. Agreed interpretation however would probably remain confidential, although it would serve as a basis for public explanation by both sides as to what consultation formula actually meant in practice.

As to jurisdiction, I also presented our proposal, as in Deptel 924 to you, to Kishi and Fujiyama in October 4 meeting.

Although working-level Foreign Ministry officials have asked for clarification of several points in original package, neither at October 4 meeting nor subsequently have Kishi or Fujiyama made substantive response to any of our proposals. There is a second meeting today and we may learn something of their reaction. Will keep you posted on all developments re these two

SECRET
Classification

UNLESS "UNCLASSIFIED" REPRODUCTION FROM THIS COPY IS PROHIBITED

【資料⑪】マッカーサーから、国務省の先輩であるチャールズ・ボーレン駐フィリピン大使へ送られた「極秘」公電（1958年10月22日）
当時ボーレンはフィリピン政府との間で、同じく核兵器の持ち込み問題を協議していたため、その参考として送られたもの。**「核兵器を搭載したアメリカの軍艦の……」という点線内の記述は、1994年以前の公開文書では「白塗り」によって削除されていました**（新原昭治氏・発掘資料）

に「核兵器の搭載」についての説明を、あらかじめプラスして行っていたのか、そこはわかりません。

けれどもこのふたつの公電からだけでも、「核兵器を積んだアメリカの軍艦の寄港は、事前協議の対象にならない」という、実際は「討議の記録」の中に書かれていたアメリカ側の見解について、交渉開始時点で「岸と藤山には本当の意味を説明していたが、官僚たちには教えていなかった」ことが、はっきりとわかるのです。**

東郷は178ページの「現行の手続き(プレゼント・プロシージャ)が適用される」という言葉が、「旧安保時代の慣例がすべて踏襲される」という意味だとは、かなりあとになるまでわかっていなかったとのちに語っていますが、***多くの傍証からその言葉にウソはなかったと思われます。

* 正確には「…との国務国防両省共同作成による交渉訓令(ネゴシエイティング・インストラクションズ)に従って、われわれの解釈を説明した」

** 岸は晩年「日米安保条約の改定交渉の時には、核装備の艦船や飛行機による寄港、通過の問題は(日米間の)話になっていない。**核を持ち込んで基地を造る(場合には、事前協議が必要になる)**というような、大所高所からの議論だった」と、その舞台裏を明かしています(『朝日新聞』一九八一年五月一九日)

*** 地位協定・第5条3項の〈寄港時の通告義務〉のことだと思っていたと述べています

もっとも、岸と藤山以外の日本人がみんな誤解したまま幸せに暮らしていては、もちろん米軍にとって意味がありません。そこで間髪を容れず、つづいて実行されるのが、

「そのあと、少しずつ本当の意味を教えていく」［プロセス2（ツー）］

というもうひとつのテクニックなのです。

相手の顔色をみながら、たとえば次官の山田には交渉中に教える。条約局長の高橋通敏（みちとし）には、条約が調印された翌日に教える。たとえ抵抗されたり受け入れを拒否されたりしても、その後も非常に長い時間をかけて、担当者が交替するたびに少しずつ条文のもつ本当の意味を教え、了承させて、文面通りの権利を獲得していく。

このテクニックと法則がわかると、安保改定という短期間の日米交渉も、改定後の約六〇年におよぶ長期の日米関係も、すべてすっきりとその筋書きが見えてくるのです。

そこで今回は、まず次ページの「安保改定後六〇年間の主権喪失のチャート図」を見ながら、全体の流れをご説明することにします。ごく大まかにいってこれが、安保改定における「事前協議制度」の導入と、そのとき生まれた三つの密約文書によって、その後の日本に起きたことなのです。

【資料⑫】「安保改定後60年間の主権喪失のチャート図」

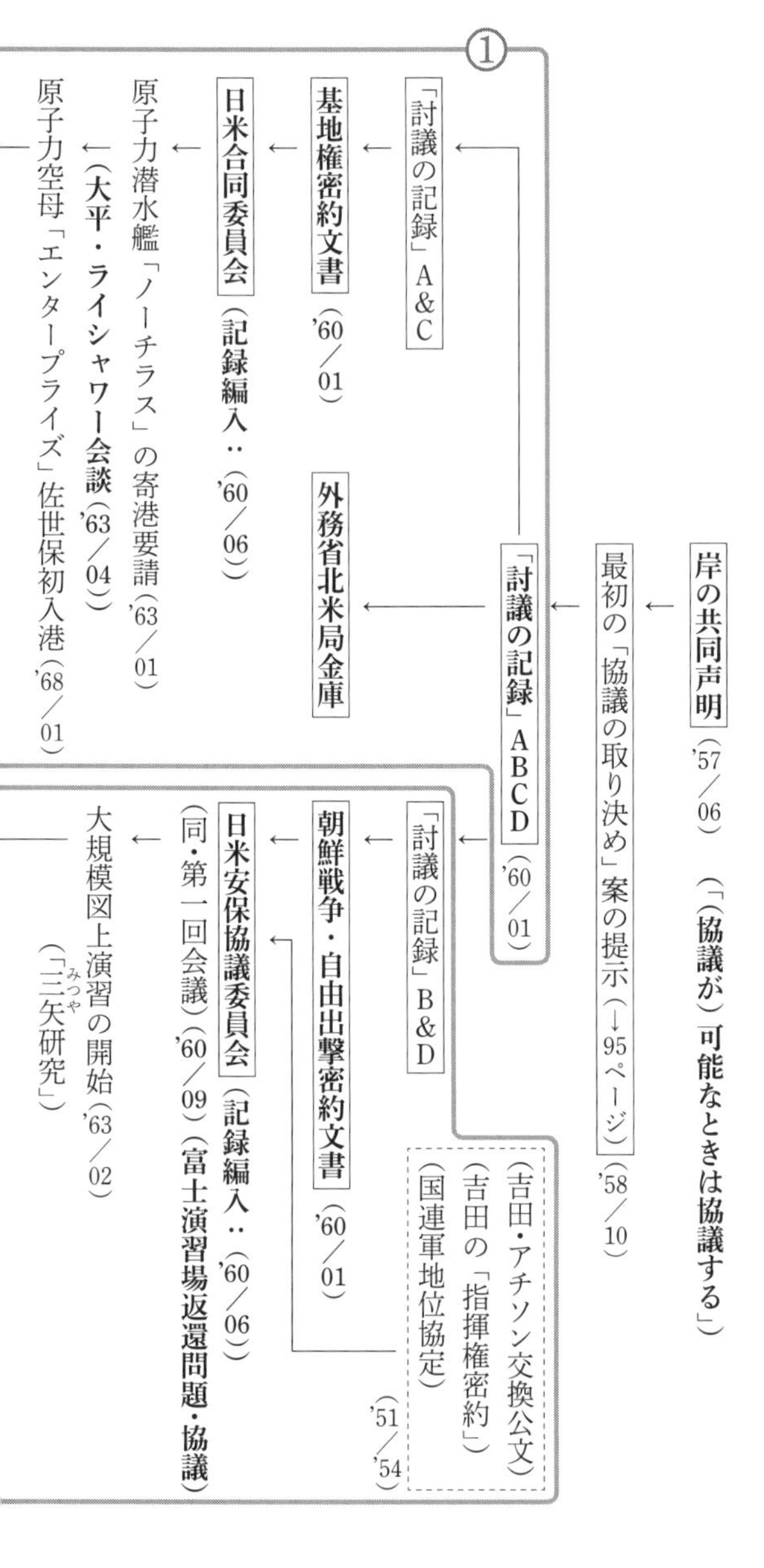

（「**東郷メモ**」作成（'68／01））
自衛隊基地（富士演習場）の米軍使用開始（'68／07）

②
自衛隊訓練空域の米軍使用開始（'71／08）
「**日米地位協定の考え方**」作成（'73／04）
空母「ミッドウェイ」横須賀・母港化（'73／10）

③
日米防衛協力小委員会の設置（'76／07）於：第16回・日米安保協議委員会
←「第1次・ガイドライン」（'78／11）
←「日米安保共同宣言」（'96／04）
←「第2次・ガイドライン」（'97／09）
←「日米同盟：未来のための変革と再編」（'05／10）
←「第3次・ガイドライン」（'15／04）
「**安保関連法**」（'15／09）

日米安保運用協議会（'73／01）

④

「帝国の方程式」で起きたこと

この図を見ていただくポイントは四つです。

まず最初のポイントは、前ページの上（①）を見てください。

岸の共同声明にもとづく「討議の記録」という、「日本の国家主権が、基本的に米軍にはおよばないこと」を認めてしまった密約が、オモテの世界（外務省）では金庫の中にしまいこまれ、担当大臣（藤山）はすぐに辞任、交渉に関わった官僚たちも全員海外勤務になってしまう。

つまりこの時点で、自国の外務大臣が正式に合意したきわめて重要な取り決めであるにもかかわらず、その正確な意味を知る人間が外務省を含めて、どこにも存在しなくなってしまったわけです。アメリカ側の交渉担当者にとって、これほど「美味しい」状況はめったにないでしょう。

そのため三年後の一九六三年、原子力潜水艦「ノーチラス」の寄港要請をきっかけに、ライシャワー大使の手で「プロセス２（条文の本当の意味を教えていく段階）」が始まると、外務省はどうしていいかわからず大混乱に陥ります。

さらにその五年後の一九六八年、原子力空母「エンタープライズ」の佐世保への初入港に際し、ジョンソン大使の手で同じことが繰り返されると、日本に戻っていた安保改定交渉の元担当者、東郷アメリカ局長が「東郷メモ」をつくって「〔日米双方とも〕さしあたり現在の立場をつづける」という収拾策を打ち出します（→終章）。

しかしその結果はといえば、日本側は「核を積んだアメリカ艦船の日本への寄港は絶対にない」という百パーセントのウソを国会でつきつづけねばならず、日本政府の信頼性（クレディビリティ）と健全性（インテグリティ）が、大きく損なわれることになりました。

その一方でアメリカ側、なかでも米軍は何ひとつ失うことなく、みずからが最終決定権を持つふたつのウラの協議機関（「日米合同委員会」と「日米安保協議委員会」）**において、「帝国の方程式」をどんどん前進させていくことができたのです。**

なぜ安保改定後、日本の主権が失われていったのか

この図をザッと見ただけで、なぜ日本の対米外交が安保改定後、あれほど米軍の言いなりの主権放棄状態になっていったかの理由がよくわかります。

日本の官僚は二年ごとにポストが代わるという話は、第二章で述べた通りです。

しかし、たとえば日米安保協議委員会のメンバーである政治家たちは、もっとひどい。

数えてみると、岸政権が退陣してから現在までの五八年間で、外務大臣は計三九人もいて、平均在職期間は一年半ほどしかありません。さらに防衛庁長官・防衛大臣になると、なんと五九人もいて、平均在職期間は一年にも満たないのです！

アメリカ側の交渉担当者としては、これほどやりやすい環境はないでしょう。そうした毎年替わる大勢の相手のなかから、一番都合のいいタイミングで、一番都合のいい相手を選んで「実はこの英語の条文の正確な意味は……」と伝えることができるのですから。

日本の外務大臣のなかで、非常に知的レベルの高かった大平でさえ、突然自分の知らない密約文書を見せられたときは、ほとんど抵抗できず、その後も迷走したわけですから、並クラスの外務大臣や、ましてや軽量ポストである防衛庁長官が逆らえるはずはありません。

自国の優秀な官僚たちでさえまったく理解できていない、過去の英文の合意文書をアメリカ側から示されたときに、彼ら日本の大臣たちが完全に相手の言いなりになって、ただ人形のようにふるまうことしかできなかったことは、容易に想像がつくのです。

特に、そうしたほとんど専門知識のない人物を含む、たったふたりの日本の政治家によって物事が決まる「日米安保協議委員会」が、「日米合同委員会」の事実上の上位機関*として設置されたことで、日本側の交渉能力は極端に低下することになりました。

その代表的な例が、この章のはじめにご紹介した米軍・富士演習場の返還交渉です。国際問題研究家で〝密約研究の父〟新原昭治さんが、多数の機密解禁文書から明らかにしたその交渉過程のなかから、ほんの一部を私が要約してご紹介することにします。

＊日米合同委員会の両国代表は、もともと「米太平洋軍司令官→**在日米軍副司令官**」「外務大臣→**外務省北米局長**」という形で、日米安保協議委員会のメンバーから直接命令を受ける職務上の地位にありました

富士演習場・返還交渉の経緯

> ○一九六〇年八月二三日
> 新安保条約の発効からちょうど二ヵ月後、日本政府の代表が日米合同委員会の施設特別委員会において、米軍・富士演習場の返還を文書で正式に要求した。
> その理由は、次の通り。
> (1) 地元の農民が大きな被害をこうむっている。
> (2) 現在、米軍による同演習場の利用が散発的なものにとどまっている。
> (結論) したがって「基地や演習場が必要でなくなったときは日本に返還しなければ

ばならない」と定めた地位協定・第2条3項などに基づき、返還が妥当である。

まさに「日米新時代」の幕開けにふさわしい、きわめてまっとうな要求だった。

⇦

○同年九月八日

ところがその半月後、外務省内で開かれた問題の第一回・日米安保協議委員会で、この富士演習場・返還問題が議題となったときに、旧制中学の教師出身で元文学青年、おそらく軍事にはまったく疎(うと)かった江崎真澄・防衛庁長官が、米軍の富士演習場の使用機会は「小さい」と、やや不用意な発言を行う。

それに対してマッカーサー大使が強く反論すると、あわてた江崎は、

「**富士演習場が日本へ返還されたあとも、米軍が同演習場内で、現在と同じ規模の軍事演習を行うことを保証する**」

という、まさに致命的な失言をしてしまう。

⇦

○同年九月三〇日

日米合同委員会において、正式に返還交渉がスタートする。しかし米軍側は、日米安

保協議委員会での江崎の発言をたてにとり、一切の返還を拒否。このとき米軍代表が、

「**必要な演習場の面積は、米太平洋軍司令官らが決定したもので、日本政府が承認するかどうかの問題ではない**」

という、日米合同委員会の本質をあらわす有名な言葉を述べる。マッカーサー大使も頭を抱えるほどのこの軍部の強硬姿勢により、江崎の致命的失言の影響はその後も尾を引き続け、結局一九六八年の東富士演習場・返還協定にともなう「密約による270日間の米軍優先使用」につながっていった（『アメリカ合衆国対日政策文書集成 アメリカ統合参謀本部資料1953〜1961年』柏書房ほか）。

このように米軍は、新設された「日米安保協議委員会」の席上で、軍事に疎い日本の政治家をたったひとり抑えこんでしまえば、その後、多くの日本のエリート官僚が所属する「日米合同委員会」という巨大な行政マシーンを、思い通りの方向に動かせるようになったのです。

つまり安保改定における「日米安保協議委員会」の創設は、「米軍の意向」が「日米地位協定の条文」や「日本の国内法」だけでなく、「アメリカ国務省の意向」さえも無

視して暴走できる、現在の異常な状況を生みだす大きなきっかけとなったわけです。

船と航空機の入国をめぐる「衝撃の事実」

182ページの図に戻りましょう。二番めのポイントは、左ページ上の②の部分です。

自衛隊の基地や使用空域の米軍使用が始まったあと、一九七三年に「日米地位協定の考え方」という、最近はかなり有名になった外務省の高級官僚向けマニュアルが作成されます。これはもともと168ページのような法的構造の中で米軍がひそかに手に入れていた軍事特権を、外務省が省として公認するためにつくられたものでした。

ひとつ例をあげれば、日米地位協定には、

〈アメリカの管理のもとで運航される船舶や航空機は、入港料または着陸料を課されないで日本国の港または飛行場に出入することができる〉（第5条1項）

という条文があります。その本当の意味が実は、

「アメリカの航空機や船に出入国の許可をあたえるかどうかは、日本政府に決定権があり、許可する場合には入港料や着陸料等は課さない**という意味ではない**」

「アメリカの航空機や船は、いつでも日本の港や飛行場に自由に出入国（フリー・アクセス）できる条約上の

権利をもっており、日本政府にそれを許可するとかしないとかいう権限はまったくないという意味だ」

という衝撃の「事実」が、このマニュアルによって明らかになるわけです。

アメリカの政府関係者は、誰でもノーチェックで日本に入国できる

「そんなバカなことがあるはずないだろう！」

と、おっしゃりたい気持ちはよくわかります。

しかしよく思い出してください。去年（二〇一七年）の一一月、私たちはその文句なしの実例を目にしているのです。

そう、トランプ来日です。

あのときトランプは、アメリカ大統領として初めて正式に横田基地から日本へ「入国」し、多くの日本人を激怒させました。しかし実はそれまでにも無数のアメリカの政府関係者が、入管も税関も通らず日本に「入国」しているのです。

たとえば過去（一九七三年）にはアメリカのポール・ボルカーという財務次官が横田基地から「入国」して、国会で問題になったことがありました。

そのとき、翌月に「日米地位協定の考え方」の完成を控えていた大河原良雄・外務省アメリカ局長は、すでに衆議院予算委員会（三月八日）で次のように答えていたのです。

「**地位協定第5条には、アメリカの航空機で公の目的で運航されるものは、合衆国軍隊が使用している施設**（＝米軍基地）**及び区域**（＝米軍使用区域）**に出入することができる、こういう規定がございます。したがいまして、米国のボルカー財務次官がアメリカの軍用機を使いまして横田から入国した、そのこと自体につきましては地位協定で解釈できる措置である、こういうふうに考えております**」

まったくおかしいですよね。これは主権国家として、そもそもありえない話です。他国の飛行機の出入国をコントロールする権利を持たなかったら、それはもはや国とはいえません。それなのに、地位協定を結んで一三年も経ってから、

「わかりにくかったかもしれないが、この条文の本当の意味はこうなのだ」

などと、たんなる官僚が勝手に解釈を変えてマニュアルを書いていいのでしょうか。

もちろん、いいはずはありません。しかし、すでに述べたように、過去の日米合同委員会の合意事項がすべて地位協定の条文と同じ効力を持つという異常な法的構造の中で、おそらく官僚たちに抵抗するすべはなかったのでしょう。

横須賀が、核攻撃用の爆撃機を多数搭載した空母「ミッドウェイ」の母港となる

この「日米地位協定の考え方」というマニュアルの完成（一九七三年）によって、「帝国の方程式」はその歯車を大きく前に進めることになりました。

このときアメリカ局長として、右の国会での発言を行った大河原良雄氏は、駐米公使だった前一九七二年に、ハワイでの田中首相とニクソン大統領との首脳会談（八月三一日・九月一日）に同行。そのまま同年九月八日からアメリカ局長に異動して、二度目の外務大臣に就任した大平の二年の任期中、ずっとその職にありました。

しかし九年前（一九六三年）にライシャワーとの会談で核密約が有効であることを事実上認めていた大平の、外務大臣への復帰を米軍は見逃しませんでした。横須賀を「攻撃型空母の母港にする」という以前からの懸案を、この機会に実現しようとしたのです。

このときアメリカの国務長官は、ウィリアム・ロジャーズ。№2である国務次官は、172ページで紹介したアレクシス・ジョンソン元駐日大使でした。彼らはふたりとも横須賀の空母・母港化には賛成したものの、なんとか核兵器を搭載しない形でそれを実現することはできないかとの提案を、メルビン・レアード国防長官に対して行っています。

ところがレアードは「それは軍事面では非現実的であり、法的にも必要ない」と、その提案をきっぱり拒否します。なぜ「法的にも必要ない」かという根拠は、

「一九六三年に大平外務大臣が、核兵器を搭載した艦船の寄港は協議の対象とならないというアメリカ側の見解を確認していること」

「その後、日本政府から異議が唱えられていないこと」

「母港化と寄港に実質的な違いはないこと〔＝ただ停泊期間が長くなるだけである〕」

の三つでした（「レアード国防長官からロジャーズ国務長官宛ての書簡」一九七二年六月一七日）。

結局、国務省は軍部からのこの強引な要求を拒否できず、ジョンソン国務次官は先ほど触れたハワイの首脳会談で、外務大臣に就任してまだ間もない大平に対し、早くも核兵器を搭載した空母「ミッドウェイ」の横須賀・母港化を迫っています。

その結果、同年一一月には田中内閣として承認、翌一九七三年一〇月には事前協議なしでの空母「ミッドウェイ」の「横須賀・母港化」が実現することになったのです。

しかし、「ミッドウェイ」が核攻撃用の爆撃機を多数搭載する航空母艦だったことは、一九七八年二月にグラハム・クレイター海軍長官が議会で証言した通りです。

つまりこれは事実上、小規模の核攻撃基地が日本の国土のなか（港湾内）に作られた

ようなものですから、外務省が日本の「国是」と位置づける「非核三原則」の論理的整合性は、実はこのとき完全に破綻・消滅していたのです。

東富士演習場・返還調印式　左側が大河原参事官
（1968年7月18日、東京・山王ホテル。写真：共同通信社）

大平外務大臣と大河原アメリカ局長の時代

こうして大平と大河原が、外務大臣とアメリカ局長として対米外交を担っていた一九七二年から七四年にかけて、「帝国の方程式」は大きく前進することになりました。

大河原はすでに一九六八年、アメリカ局参事官の時代に、すでにご説明した東富士演習場・返還問題の最終段階を担当しており、日米合同委員会におけるその返還調印式で、アメリカ側代表（ウィルキンソン米軍参謀長）と握手を交わした上の写真でも有名な人物です。

しかし彼がもっとも記憶されるべきは、「大河原答弁」と呼ばれる一九七三年七月の国会での発言でした。

その発言は、すでに三ヵ月前にできていた「日米地位協定の考え方」と連動する形で、

「米軍には原則として、日本の国内法が適用される」

という、それまで外務省がなんとか維持してきた見解を退け、

「米軍には、日本の国内法は適用されない」

という米軍側の主張を、公式に認めたはじめてのものとなりました。

その問題の「大河原答弁」（一九七三年）を、一九六〇年に安保改定交渉を担当した高橋通敏・条約局長の左の国会発言と比較してください。安保改定後、一三年という年月のあいだに「帝国の方程式」が、いかにその歯車を大きく前に進めたかがわかります。

常軌を逸した「大河原答弁」

一九六〇年六月一二日〔参議院　日米安全保障条約等特別委員会〕

○政府委員（高橋通敏君〔外務省条約局長〕）
施設〔＝米軍基地〕、区域〔＝米軍使用区域〕というのは（略）**当然のことでありますが、わが日本の主権のもとに立つ地域でございます。**従いまして、**原則として日本の法令がここに施行されるわけでありますので、これは日本の法令から、全く適用から除**

外された租借地であるとか、また治外法権的な地域であるというふうには考えていない次第でございます。

一九七三年七月一一日〔衆議院　内閣委員会〕 ⇦

○金井〔洋〕政府委員〔運輸省航空局技術部長〕

私どもが外務省から聞いておりますことは、米軍に対しては、〔日本の国内法は〕地位協定の原則に従ってすべて原則として適用除外である。地位協定特例法によって適用するものは適用すると書いてあるけれども、原則としては全部適用除外であるというふうに理解しております。

○横路〔孝弘〕委員〔日本社会党・衆議院議員〕

あなたまた何でそんなことを……。（略）米軍は日本の国内法を全部最初から適用除外なんて、あなたそんなものの考え方というのは初めてですよ。（略）〔運輸省の〕技術部長さんでなくて、〔外務省の〕法律のほうの担当の方いるでしょう。

○**大河原〔良雄〕政府委員〔外務省アメリカ局長〕**

地位協定の問題、私から御説明させていただきます。

一般国際法上は、外国の軍隊が駐留いたします場合に、地位協定あるいはそれに類する協定に明文の規定があります場合を除いては接受国〔＝受入国〕の国内法令の適用はない、こういうことになっております。したがいまして、地位協定の規定に明文があります場合には、その規定に基づいて国内法が適用になりますけれども、そうでない場合には接受国の国内法令の適用はないわけでございます。

外務省の「二大詭弁理論」

これが有名な「大河原答弁」で、外務省はいまでもまだこの見解を公式に認めたままですが、本当に恥ずかしいと思います。

地位協定というのは英語では「ＳＯＦＡ（Status of Forces Agreement）」という名称で、「駐留軍の法的地位〔＝特権〕」についての取り決めという意味です。まず大前提として、主権国家内ではその国の法が絶対的に優先するという基本原則（属地主義）があり、そのうえで駐留外国軍に関する例外〔＝特権〕を定めた取り決めということです。

つまり大河原の見解は、百パーセントのウソなのです。

私はこの「大河原答弁」は、外務省の条約畑の権威だった栗山元次官が考え出した、

「密約にはなんの意味もない。なぜなら交渉中に交わした国会決議のない合意は、日本の法体系では効力がないからだ」

という「栗山理論」と並ぶ、外務省の「二大詭弁理論（または植民地法学）」だと思っています。

栗山ほか、条約局のトップたちが、本当は自分でもおかしいとわかっていながらそうした「薄い理屈」を国会対策のために一生懸命述べていたように（→282ページ）、大河原も、もちろん自分ではそのおかしさをよくわかっていたでしょう。

けれども168ページの図にあるような、一九五二年以来の密室での合意事項が、すべて正式な地位協定と同じ法的効力をもち、米軍は日本の国会も裁判所も無視して何でも実行できるというメチャクチャな戦後日本の法的現実があるなかで、最低限の整合性をもって日米外交をコントロールしていくためには、そうした現実を基本的に認めるという立場に立たざるを得なかったのだと思います。

その事情はよくわかります。結局「討議の記録」に書かれていた内容の本質は、「日本において米軍は、事前通告なしの核兵器の地上配備以外は、何をやってもよい」ということなのですから。

自ら放棄した国家主権

そして182ページの図を見る三番めのポイントが、③（左ページ）の第一六回・日米安保協議委員会における「日米防衛協力小委員会の設置」（一九七六年七月）です。

本書では詳しく取り上げられませんでしたが、日米間の軍事上の取り決めには、米軍による「日本の国土の軍事利用（基地権）」に加えて、米軍による「自衛隊の軍事利用（指揮権）」について定めた、もうひとつのジャンル④が存在しています。*

それがこの「日米防衛協力小委員会」という事実上の「日米合同司令部」の設立によって、安保改定後、日米合同委員会（基地権）と日米安保協議委員会（指揮権）のふたつのチャネルに分かれて進行してきた「帝国の方程式」が、ピタリとひとつに重なり、その後の第一次・第二次・第三次のガイドラインの作成と、二〇一五年九月の安保関連法の成立へ向けて一体となって進んでいくことになりました。

その結果、安保改定から約六〇年。日本は敗戦によって失い、しかし安保改定でアメリカから取り戻したはずの国家主権を、実は旧安保時代よりも、もっとひどい「基地権＋指揮権」という形で、再び米軍の前に差し出すことになったのです。

＊　182ページ下の「吉田・アチソン交換公文」「吉田の「指揮権密約」」「国連軍地位協定」などが含まれます

第五章

米軍は、
どんな取り決めも守らない

── 国連憲章に隠された「ウラの条項」とは？

「われわれは〔旧〕日米安保条約で、きわめて重要で前例のない権利を日本から与えられています。というのもそれらの権利は、**日本の安全に関しては、われわれの側にはなんら義務がなく、ただ権利だけが与えられているということです**」

ディーン・ラスク（行政協定交渉担当・特別大使）

岸首相
新安保条約で「事前協議制度」と「アメリカの日本防衛義務」を入れたのはワシの功績！
もう日本は旧安保時代みたいな占領状態じゃないだろう
・・・・・・
しかし！
「事前協議制度」と「アメリカの日本防衛義務」の根拠である新安保条約第4条と第5条は実は旧安保条約の行政協定第24条をただふたつに分割しただけのものにすぎなかった！
どうゆうこと？？
え？旧安保時代とまったく同じなの？
日米安保協力協定案第8章2項
そうなんです そもそも安保条約における「協議」とは そのあと自衛隊は米軍の指揮下に入るという意味の言葉なんだ
でも日本の外務省が抵抗したから表現はやわらげたわけ
こんな条文受け入れられない!!
だから旧安保条約と新安保条約は全く同じ内容なんだ 米軍は日本の国土を自由に使えるし日本を防衛する義務もない
そのうえ米軍の指揮の下で戦争する体制だけは強化された それが新安保条約というわけさ

ふたつめのクイズ

前章では、安保改定時に結ばれた三つの密約を中心に、その後、約六〇年間にわたって日本の国家主権がどのように失われていったかの歴史を、かなり大まかですが、ひと通り振り返ってみました。

しかしその間の経緯を詳しく調べれば調べるほど、私の心のなかに大きく膨らんできた疑問があったのです。それは、

「では結局現在まで一度も行われることのなかったこの「事前協議制度」とは、いったいなんのための制度だったのか」

「その言葉のウラ側に、米軍とアメリカ国務省はどんな意味を隠していたのか」

という根本的な疑問でした。

そして結論からいうと、その疑問を解くカギは、かなり意外なところに転がっていたのです。そのことを最短距離でわかっていただくため、ここでみなさんに、本書二回めのクイズを出させていただきます。

これまで私はこの本のなかで、

「旧安保時代の行政協定と、新安保時代の地位協定にはまったく違いがない。アメリカの軍部は安保改定交渉をスタートするうえで、そのことを絶対的な条件としていた」

と何度も書いてきました。

でも今回、自分で実際に一条ずつ条文を突き合わせてみてはじめてわかったのですが、このふたつの協定にはひとつだけ、小学生でもわかる非常に大きな違いがあるのです。

それはいったい、なんでしょう？

たった1条だけ消えた条文

答えは「条文の数」なのです。

何度もいうように、このふたつの協定は内容がほとんど同じで、条文もみな一対一で正確に対応しています。それなのに、行政協定は全29条あるのに、地位協定は全28条しかありません。

いったいそれは、なぜなのか。

実は行政協定のなかで、たった1条だけ、地位協定への移行時にまるごと削除されている条文があったのです。それが左の条文です（囲みと丸数字は著者）。

日米行政協定・第24条（日本語：原文）

「日本区域において敵対行為〔＝戦争〕又は敵対行為の急迫した脅威が生じた場合には①、日本国政府及び合衆国政府は②、日本区域の防衛のため必要な共同措置を執り③、且つ、安全保障条約第一条の目的を遂行するため、直ちに協議しなければならない④」

つまり、〈日米両政府は、日本の国土に戦争の脅威が生じたときは、共同で防衛措置をとるために、また日本の安全と、東アジア（極東）の平和と安全を維持するために、ただちに協議しなければならない〉

という意味です（「（旧）安全保障条約第一条の目的」とは、「「極東（東アジア）における国際平和と安全」および「日本国の安全」に寄与すること」→66ページ）。

米軍が安保改定で「何も変えない」ことを絶対的な条件とし、実際すべての条文が、ほとんどそのまま地位協定に受け継がれた行政協定です。これほど重要な内容の第24条だけが、ただ単にまるごとなくなったなどということは絶対にありえません。必ずどこか別の場所に移動されているはずなのです。

では、どこへ行ったのか。

実はそれが、本書でえんえんとご説明してきた「事前協議制度」の法的根拠とされる左の「新安保条約・第4条」と、それにつづく、アメリカの日本防衛義務を明記したとされる「新安保条約・第5条」だったのです。

驚きの等式

新安保条約・第4条〔日本語：原文〕

「締約国〔＝日米両政府〕は、この条約の実施に関して随時協議し、また、日本国の安全又は極東における国際の平和及び安全に対する脅威が生じたときはいつでも、いずれか一方の締約国の要請により協議する」

新安保条約・第5条〔日本語：原文〕

「各締約国〔＝日米両政府〕は、日本国の施政の下にある領域における、いずれか一方に対する武力攻撃が、自国の平和及び安全を危うくするものであることを認め、自国の憲法上の規定及び手続に従って共通の危険に対処するように行動することを宣言する」

私もいま、この部分を書きながらそのことに気づいて本当に驚いているのですが、これら三つの条文をよく読むと、なんと、

消えた「行政協定・第24条」＝「新安保条約・第4条」＋「新安保条約・第5条」

という等式が完全に成立するのです！

205ページの「行政協定・第24条の①②③の部分」と右ページの「新安保条約・第5条の囲み部分」、そして同じく「行政協定・第24条の①②④の部分」と「新安保条約・第4条の囲み部分」を比べてみてください。どちらもほぼ同じことを述べており、両方あわせて右の等式が文句なく成立するのです。

「行政協定・第24条」を、ただふたつに分割しただけの条文

これは非常に重要な、驚くべき発見ですので、ていねいに比較しておきましょう。

行政協定・第24条（①②③の部分）
〈日米両政府は、日本の国土内で戦争の脅威が生じたときは、共同で防衛措置をとる〉

⇩

新安保条約・第5条（囲み部分）
〈日米両政府は、日本の国土内でどちらかの国への武力攻撃が行われたときは、（それを自国の平和と安全への脅威と認め）共通の危機に対処するように行動する〉

行政協定・第24条（①②④の部分）
〈日米両政府は、日本の国土内で戦争の脅威が生じたときは、日本の安全と、東アジア（極東）の平和と安全を維持するために、ただちに協議しなければならない〉

⇩

新安保条約・第4条（囲み部分）
〈日米両政府は、日本の安全と、東アジア（極東）の平和と安全に対する脅威が生じたときはいつでも、いずれか一方の国の要請があれば協議する〉

完全に一致しているのです。

つまり新設の「事前協議制度」の法的根拠になったとされる「新安保条約・第4条」と、アメリカの日本防衛義務を明記したとされる「新安保条約・第5条」、この長らく岸の安保改定における最大の功績とされてきたふたつの新しい条文は、実は安保改定前の「行政協定・第24条」を、ただふたつに分割しただけのものに過ぎなかったのです！

そのことはいったい、なにを意味しているのでしょうか。

その本当の意味を知るためには、この「行政協定・第24条」の条文が、そもそもどのようにして生まれたかを、さかのぼってみる必要があるのです。

指揮権条項に込められた「暗黙の合意」

すでにご存じの方もいらっしゃるかもしれませんが、この「行政協定・第24条」のルーツは、一九五一年二月二日、占領の終結についての日米協議の中で、アメリカ側の交渉責任者であるダレスが提案してきた次ページの、いわゆる「指揮権条項」にありました（この段階ではまだ「旧安保条約」と「行政協定」は分離されておらず、ひとつの「日米安全保障協力協定案」のなかに両方の要素が混在した状態にありました）。

日米安全保障協力協定案・第8章2項
「日本区域において戦争または差しせまった戦争の脅威が生じたとアメリカ〔の軍部〕が判断したときは、警察予備隊ならびに他の**すべての日本の軍隊は、日本政府との協議のあと、アメリカ政府によって任命された最高司令官の統一指揮権のもとにおかれる**」

この条文の意味はつまり、
〈**戦争の脅威が生じたら、まず日米両政府が協議したあと、すべての日本軍は米軍の指揮のもとで戦う**〉
ということです。

ですからこの条文を示された外務省の交渉担当者たちは、さすがに激しく抵抗しました。なにしろたった四年前に、米軍自身が草案をつくった日本国憲法(一九四七年施行)によって、すべての軍事力は持たないことを決めたばかりなのです。さすがにこんな条文を受け入れることはできないと必死で抵抗し、まず旧安保条約からは外して、国会の承認のいらない日米行政協定の条文として検討することになりました。

しかしそれでも協議は難航し、一九五一年九月八日に平和条約と旧安保条約の調印が行われたあとも解決の糸口さえつかめず、結局、翌一九五二年の一月末から二月二八日にかけて、最後の交渉が行われることになりました。

その結果、元の条文にあった、

〈戦争の脅威が生じたら、まず日米両政府が協議したあと、すべての日本軍は米軍の指揮のもとで戦う〉

という文言は消え、

〈戦争の脅威が生じたら、日米両政府はただちに協議しなければならない〉

という、現在目にする行政協定・第24条の条文で決着することになったのです。

つまりこのとき米軍とアメリカ国務省は日本政府に対し、戦争の脅威が生じたときは「アメリカ政府と、ただちに協議する」ことだけを法的に義務づけた。

けれども、ただちに協議したあとは、当然「米軍の指揮のもとで戦うことになる」というこの条文に隠された「暗黙の合意」は、吉田茂首相と岡崎勝男担当大臣、井口貞夫外務次官、西村熊雄条約局長など、ほんの数名以外には教えないという、いつものテクニックを使ったわけです。

「指揮権密約」の場に同席したメンバー

もっともこうした場合に、米軍と国務省がこれほど重要な内容を、単なる「暗黙の合意」のままで放っておくことは絶対にありません。

「戦争になったら、すべての日本軍は米軍の指揮のもとで戦う」という、元の条文から削除した内容については、日本の独立から三ヵ月後の一九五二年七月二三日に、吉田首相と極東米軍司令官が、口頭で密約を結んで合意するという形をとることにしたのです（→『知ってはいけない』192ページ）。

その密約こそが、戦後最大の密約ともいわれる「指揮権密約」なのですが、ここで非常に興味深いのが、その場に集まった四人のメンバーです。

【日本側】　吉田首相　岡崎外務大臣
【アメリカ側】マーク・クラーク極東米軍司令官　ロバート・マーフィー駐日大使

なにかに似ていませんか。そうです。安保改定で、最初に「日米安保協議委員会」（のちの2＋2〔ツー・プラス・ツー〕）ができたときのメンバーとウリふたつなのです（→161ページ）。

「ウラの掟」を実行するためのシステム

これはけっして偶然ではありません。なぜなら先の行政協定・第24条をめぐる日米交渉のなかで、アメリカ側の責任者だったディーン・ラスク特別大使（前国務次官補）がなぜ、米軍の指揮権についての文言を条文から削除することを認めたかといえば、それは日本の世論への配慮に加えて、

〈共同軍事行動（指揮権）の問題は、あまり具体的な文言を条文に書き込むと、かえって将来、米軍の軍事行動にとって制約となる可能性がある〉

と考えていたからです（一九五二年二月一九日、国務省宛の公電）。

さすがにその後、一九六一年から六九年まで、歴代二位の八年もの長期にわたって国務長官を務めることになる切れ者のラスクです。あくまで自国の国益を中心に考えた結果、指揮権の問題については無理に条文化はせず、代わりに強い権限を持つ少数の日米のリーダー同士が、実際に顔を合わせて協議する体制をつくったほうがよいという、きわめて高度な政治的判断を行ったわけです。

そのため行政協定・第24条に書き込む寸前までいった、米軍司令官の指揮権について

は条文から削除する。しかしその代わりに日本の独立から三ヵ月後、日米のリーダー四人が顔を揃えた場で、吉田首相に口頭でその内容を合意させたというわけです。そしてその三ヵ月後には、吉田が口頭で結んだ「指揮権密約」に基づき、警察予備隊が保安隊へ格上げされます（一九五二年一〇月一五日）。

さらに二年後の一九五四年には、再び吉田が口頭で同じ「指揮権密約」をジョン・ハル極東軍司令官とのあいだで結び（二月八日）、その直後に行われた国連軍地位協定（二月一九日）と日米相互防衛援助協定（MSA協定：三月八日）の調印を経て、自衛隊が創設されることになりました（七月一日）。

こうして行政協定の文面から表面上は削除された、

「戦争になったら、すべての日本軍は米軍の指揮のもとで戦う」

という「ウラの掟」を実行するためのシステムが、現実の世界で着々と整えられていったのです。

事前協議制度と安保改定の「本当の目的」

これは典型的な「帝国の方程式」のケースと言えるでしょう。

「独立国である日本が、自国の軍隊を指揮する権限を外国軍の司令官に委ねる」

まさにこれ以上ないほどの「主権放棄の取り決め」が、まず行政協定・第24条のなかに、ほんの数人の日本人（吉田・岡崎・井口・西村）にしかわからない形で書き込まれ、その後、周囲の現実がどんどん進行する形で既成事実化していった。

さらには安保改定によってその行政協定・第24条が、背後に指揮権密約をかかえたまま、新安保条約の第4条と第5条にバージョンアップされ、最後は一九七六年の日米防衛協力小委員会の設置により、「米軍司令官の指揮権（コマンド）」を前提とした、事実上の「日米合同司令部」が誕生することになったのです（→182ページ図③）。

そしてここまでくると、あとは特別な仕掛けはなにもいりません。

第四章の最後で述べた通り、日米防衛協力小委員会における第一次・第二次・第三次のガイドラインの作成と、安保関連法の成立（二〇一五年九月）によって、ついに、

「米軍が自衛隊を指揮して、世界中で戦争をするための法的な条件と環境」

がすべて整うことになったわけです。

つまり事前協議制度というのは、もともと米軍による日本の国土の軍事利用（基地権〔ベース・ライト〕）について制限を加えるための制度ではなく、米軍が日本の自衛隊を軍事利用（指揮〔コマンド〕）す

るという非常に困難な課題を、基地の問題と同じように、日本の議会や司法をいっさい関与させない形で前に進めるために、新たに導入された制度だったと言えるのです。

そしてさらに言えば、事前協議制度の奥深くに隠されていたその「目的」こそが、実はアメリカ側が安保改定で実現しようとした「本当の目的」だったというわけです。

これで、なぜ「対等な日米新時代」をスローガンに行われたはずの安保改定が、逆に日本の主権喪失状態を悪化させ、また固定化したのかという「戦後史の謎」が、ほぼ解けたといっていいでしょう。

世界一簡単な安保改定の解説

それでは安保改定について、ここまでお話ししてきた全体像を簡単に整理しておきましょう。新旧の安保条約と地位協定、行政協定の条項から、本質的なものだけを選んで図にすると、左のようになります。

そもそもマッカーサー大使は安保改定にあたり、当初から「行政協定については実質的な変更はしない」と明言しており、交渉の途中で「日本側（岸と藤山）もいまは、条文の見かけ（アピアランス）だけが変わればいいと考えています」とダレスに報告していました。

一方、旧安保条約の交渉を担当した外務省の西村熊雄・元条約局長も、これは非常に有名な言葉ですが、旧安保条約は「裸の鰹節」で、新安保条約は「桐箱におさめ、奉書で包み、水引をかけ、のしまでつけた鰹節」だと述べていました。つまり、やはり「見かけは大きく変わったが、その本質は何も変わっていない」と述べていたのです。

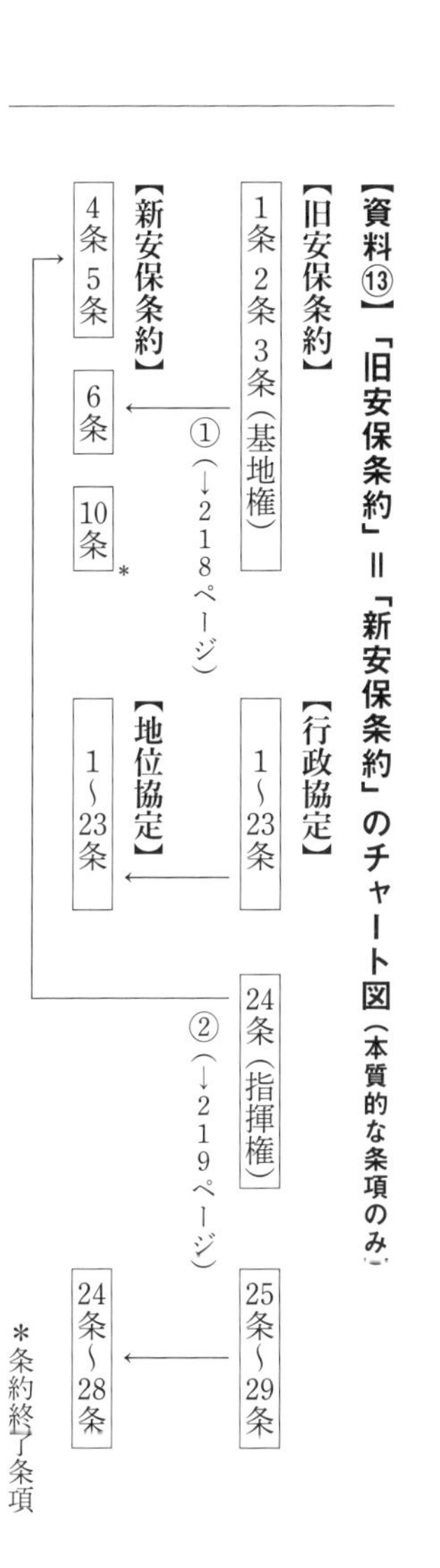

「旧安保条約」＝「新安保条約」が、本当の姿だった

私もこの本を書くまでは、西村の右の言葉はマッカーサー大使の発言と同じく、基地

の問題（行政協定と地位協定）についての話だとばかり思っていたのですが、今回改めて条文を読んで本当に驚きました。

新安保条約で新たに加わったとばかり思っていた、「日米同盟」の最大の法的根拠とされる第5条までが、もともと行政協定のなかにあったものだったのです！

つまり、これまで私が何度も本に書いてきた、
「行政協定」＝「地位協定」ではなく、
「旧安保条約」＝「新安保条約」が、本当の姿だったというわけです。*

＊〈10年たった後は、どちらか一方の国の通告により1年後に終了する〉ことを定めた新安保条約・第10条だけは等式の例外ということになりますが、これは米軍にとっても撤退の自由が必要だったため合意が成立した条項です

【資料⑭】安保改定における「基地権」と「指揮権」の隠された方程式（各条文は要約）

基地権

旧安保条約
第1条　アメリカは米軍を日本およびその周辺に配備（ディスポーズ）する権利を持つ。

第2条　日本はアメリカの事前の同意なしに、基地とその使用権、駐兵と演習の権利、陸軍、空軍と海軍の通過の権利を他国にあたえてはならない。
第3条　米軍を日本およびその周辺に配備する条件は、日米両政府のあいだの行政上の協定で決定する。

⇩

新安保条約
第6条　アメリカは米軍が、日本において基地と区域を使用することを許される。基地や区域の使用と、日本に駐留する米軍の法的権利は、日米行政協定に代わる日米地位協定と、合意されるその他の取り決めによって決定する。

＋

基地権密約「安保改定以前に米軍に許可されていた基地に関する権利（ベース・ライト）（＝基地の絶対的使用権と管理権とアクセス権）は、すべて変わらず維持される」

指揮権

行政協定

第24条　日本区域で戦争の危険が生じたときは、日米両政府は日本区域の防衛のため必要な共同措置をとり、かつ新安保条約・第一条の目的を遂行するため、ただちに協議しなければならない。

＋

指揮権密約「戦時には〔日米両政府の協議の後〕すべての日本軍は米軍の指揮下で戦う」

⇦

新安保条約

第4条　日米は、この条約の実施に関して随時協議する。極東における軍事的脅威が生じたときはいつでも、いずれか一方の要請により協議する。

第5条　日米は、日本の施政下にある地域への武力攻撃が、自国の平和と安全を危うくするものと認め、自国の憲法上の規定及び手続きに従って共通の危険に対処するよう行動することを宣言する。

＋

指揮権密約「戦時には〔日米両政府の協議の後〕すべての日本軍は米軍の指揮下で戦う」

「日米同盟」の真実の等式

これまで日本の絶対的主流派である安保村の条文解釈では、安保改定によって、

〔アメリカ〕集団的自衛権＋日本の防衛〔新安保条約・第5条に基づく〕
＝
〔日本〕個別的自衛権＋基地の提供〔新安保条約・第6条に基づく〕

という「人と物の交換」の関係が成立し、「アメリカによる日本の防衛義務」が確立されたとなっていましたが、よく考えるとそんなバカな話は絶対にありません。

基地の提供というのは基本的に金銭で換算可能な話ですから、それと引き換えにアメリカの若者が、血を流して他国を防衛することなど義務づけられるはずがないのです。

正しくはキッシンジャーが述べているように、

「**日米同盟においては、われわれが日本に核の保護をあたえる代わりに、日本はわれわれが基地を使えるようにしなければならない**」（一九七二年八月ニクソン大統領への覚書）

ということ。つまり、新安保条約における日米の本当の関係は、

〔アメリカ〕個別的自衛権 ＋ 核の傘（拡大抑止）の提供
＝
〔日本〕　個別的自衛権 ＋ 基地の提供

という関係だったのです（↓なぜアメリカ側も、集団的自衛権ではなく個別的自衛権であるかについては『知ってはいけない』227ページ）。

そしてこの式から、「個別的自衛権」という一種の自然権を相殺すれば、前ページのキッシンジャーの言葉にあるように、一九七二年時点の日米の本当の関係は、

〔日本〕　基地の提供
＝
〔アメリカ〕核の傘（拡大抑止）の提供

であり、さらに現在はここまでご説明してきたとおり、

〔日本〕　米軍の指揮のもとでのあらゆる戦争協力（基地権＋指揮権の提供）と、
　　　　　巨額の武器の購入

＝

〔アメリカ〕核の傘（拡大抑止）の提供

という、まったくバカげた関係になっているのです。

というのもアメリカの「核の傘」の実態は、昨年の米朝・核ミサイル危機をみてもわかる通り、本当に守っているのはアメリカ本国だけ。日本や韓国を守るために、アメリカが実際に核を撃つと考えている人など、いまではどこにも存在しません。

しかも、よく考えてみると**アメリカが日本に「核の傘を差しかける」ために、特別にかかるコストはゼロなのです。**にもかかわらずその見返りとして、**旧安保時代は日本の国土の軍事利用が全面的に認められ、**さらに新安保時代になると、それに加えて**自衛隊の軍事利用計画と巨額の兵器購入計画までが、**着々と進行しつつあるのです。

【資料⑮】「アメリカの日本防衛義務」における「帝国の方程式」（英文からの要約）

○第1次・ガイドライン（1978年11月27日）

〈原則として、日本は小規模な侵略を自国で撃退する。自国だけで撃退できない侵略については、**アメリカの協力のもと、これを撃退する**〉（Ⅱ－2－1）

⇩

○第2次・ガイドライン（1997年9月23日）

〈日本は武力攻撃に対し、即座に行動して**それを撃退する第一次的な責任**（プライマリー・レスポンシビリティ）**をもつ**〉

〈アメリカはそれに**適切な支援**（アプロプリエート・サポート）**を行う**〉（Ⅳ－2－1）

⇩

○第3次・ガイドライン（2015年4月27日）

〈自衛隊は日本の国土とその周辺海域・空域における**防衛作戦を行う第一次的な責任をもつ**〉

〈米軍はそれを支援し、**補足**（サプルメント）**する**〉

〈**弾道ミサイル〔＝北朝鮮の核ミサイル他〕**の防衛や、**島嶼**（とうしょ）**〔＝尖閣諸島他〕の防衛と奪還に**ついても、**日本が第一次的な責任をもつ**。米軍はそれを支援し、**補足する**〉（Ⅳ－C－2）

「朝三暮四（ちょうさんぼし）」

私は昔、別の本でも書きましたが、こうした米軍やアメリカ国務省のやり口を見ていると、いつも「朝三暮四」という中国の故事を思いだします。

老人が猿に、トチの実を朝に三つ、暮れに四つやると言ったら猿が怒りだしたので、朝に四つ、暮れに三つやると言ったところ、猿は大変喜んだという。

やはり中国というのは、大変な政治先進国だと思います。この話はどこかトボけた人間と動物の笑い話などではなく、権力者が民衆を支配するために使う、最高の政治テクニックについて語っているのです。

そして言うまでもなく、その「朝三暮四」の典型で、世界中の政治学の教科書にのせてもいいような実例が、一九六〇年に行われた「安保改定」だったということです。

なぜなら「旧安保条約と行政協定」の代わりに、その条文の組み合わせを変えただけの「新安保条約と地位協定」を与えられ、大喜びして、国土の軍事利用権だけでなく、自国の軍隊（自衛隊）の指揮権や、巨額の兵器購入費などを言われるままに差し出しているのが、現在の日本という国の姿だからです。

究極のシナリオ

少し立ち止まって、よく考えてみましょう。

いま、米軍が日本に対して持っていることが確実な法的権利を並べると、

○戦時に自衛隊を指揮する権利（「指揮権密約」＋「新安保条約・第4条&第5条」）
○すべての自衛隊基地を共同使用する権利（「地位協定・第2条4項b」の外務省解釈）
○事前通告により、核を地上配備する権利（岸の共同声明あるいは口頭密約／↓137ページ）

ということになります。そしてそれらを組み合わせると、

「人類史上、唯一の核兵器による被爆国である日本の基地（米軍基地または自衛隊基地）に、その原爆を投下した当事者である米軍が核ミサイルを配備して、その発射スイッチを持ったまま、自分たちは安全な後方地帯に撤退する」

という究極のシナリオが、「帝国の方程式」の未来に見えてくるのです。

そんなバカげた状況になっていいのでしょうか。

もちろん、いいはずはありません。

安保改定から六〇年近くをかけて少しずつ進行し、いま安倍政権のもとで最終段階まで来たこの「帝国の方程式」を止めるには、私たちはどうすればいいのでしょうか。

保守派（右派）への質問

まず、保守派（右派）と言われる方々にお聞きしたいことがあります。

いま安倍首相が進めている「日米同盟」の先に、本当に日本の安全は保障されるのでしょうか。その問題を考えるために、少しだけ歴史を振り返らせてください。

先にふれた行政協定の交渉担当者ラスク（後の国務長官）は、一九五二年一月末に来日する直前、アメリカ議会の聴聞会（一月二一日の下院外交委員会の極東・太平洋小委員会）で次のように述べていました。

「今回の［日本との］交渉では、米軍の司令官が日米のすべての軍隊の指揮をとるという、前例のない権利を獲得する予定です」

こうした「軍事主権の放棄」を意味する発言は、本来、主権国家として絶対に受け入れられないもののはずですが、日本の保守派の方々は、正直このラインまでは「仕方がないな」と思っているのではないでしょうか。なんだかんだ言っても、最終的には世界で一番強い米軍と一体化していることが、日本にとって一番安全なのだと。

しかし、ちょっとだけ待ってください。ラスクは同じ聴聞会のなかで、こうも述べているのです。

「われわれは〔旧〕日米安保条約で、きわめて重要で前例のない権利を日本から与えられています。というのもそれらの権利は、**日本の安全に関しては、われわれの側にはなんら義務がなく、ただ権利だけが与えられているということです。その意味でこの条約は、ダレスが言ったように片務的な**〔＝日本だけが義務を負う〕**ものなのです**」

旧安保時代の発言など、なんの意味があるんだという方もいるかもしれません。

しかしすでに私が証明した通り、ほとんどの日本人が「アメリカによる日本防衛義務」を確立した条文だと信じている新安保条約・第5条は、旧安保時代の行政協定・第24条が形を変えただけのものにすぎなかったではないですか（→208ページ）。

そもそも、よく考えてみてください。安保改定で、あれほど自分たちが日本の基地を使う権利を「少しでも失うことは絶対に許さない」といいつづけた米軍です。

その彼らがなぜ、他国民である日本人を自分たちが血を流して守るというような、新しい条文を許可するはずがあるでしょうか。目を覚ましましょう。絶対にそんなことはありえないのです。

「日米同盟」の真実の等式

「じゃあ、いったいこの日米関係はなんなんだ！」

と、すでにお怒りの方もいらっしゃるかもしれません。

たしかに私がここまで説明してきたことをすべて列挙すると、

「アメリカは日本を防衛する義務はない」

「しかし日本の国土を自由に軍事利用する権利を持つ」

「日本の基地から自由に出撃し、他国を攻撃する権利を持つ」

「戦争になったら、自衛隊を指揮する権利を持つ」

「必要であれば日本政府への通告後、核ミサイルを日本国内に配備する権利を持つ」

ということになりますから、まさかそこまで不公平な二国間関係が、二一世紀のこの地球上にあるはずないだろうと思われるかもしれません。

けれども前作『知ってはいけない』を読んで下さったみなさんはよくおわかりのように、戦後の日本とアメリカの関係は、最初からダレスによって左の図の通り、普通の国と国との関係ではなく、「国連」と「その加盟国」の関係としてデザインされているのです。

【資料⑯】ダレスの法的トリック

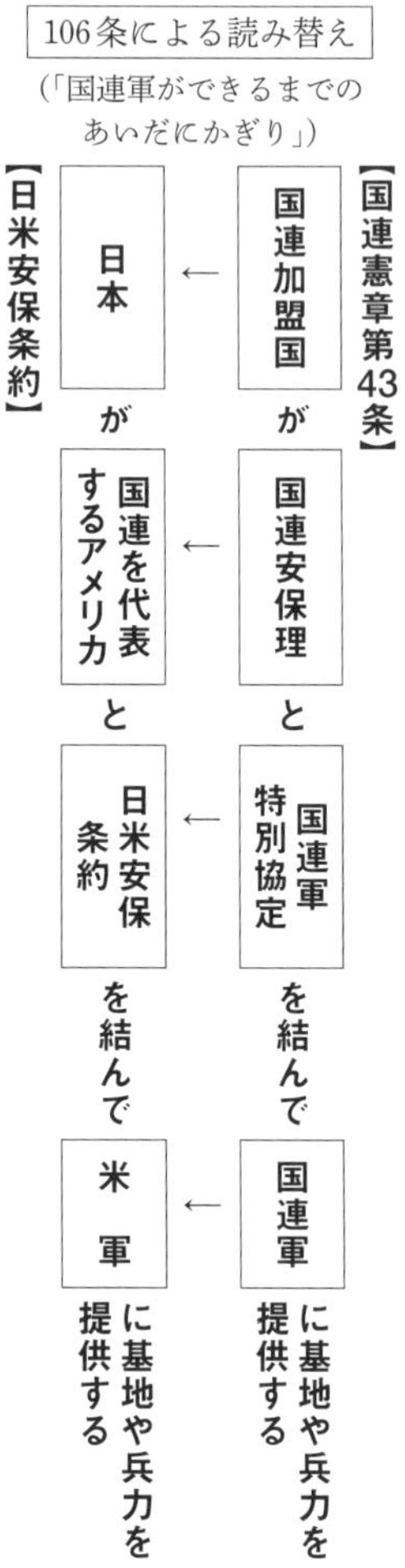

【国連憲章第43条】

国連加盟国が**国連安保理**と**国連軍特別協定**を結んで**国連軍**に基地や兵力を提供する

↑　　↑　　↑　　↑

106条による読み替え
（「国連軍ができるまでのあいだにかぎり」）

【日米安保条約】

日本が**国連を代表するアメリカ**と**日米安保条約**を結んで**米軍**に基地や兵力を提供する

米軍はどんな取り決めも守らない

そしてこの法的トリックの中心にあるのが、

〈〔正規の国連軍ができるまでのあいだ〕安保理常任理事国は、国際平和と安全の維持のために必要な共同行動（＝「軍事行動」）を国連に代わってとるために、互いに、また必要に応じて他の国際連合加盟国と、**協議しなければならない**〉

と定めた国連憲章・第106条なのです。

またもや「出た！」という感じですよね。

ここで「協議しなければならない（shall consult）」という言葉が出てきます。

106条の条文（→次ページ）をよく読むと、「協議」をしたあと国連安保理常任理事国は、国際平和と安全のために、自国が必要と判断した軍事行動（＝「共同行動」）をとることができると書かれています。この106条の条文中にある「協議」という言葉こそが、実は日本の「事前協議制度」や、行政協定・第24条、新安保条約・第4条（&第5条）のなかに存在する「協議」という概念の本当のルーツなのです。

つまり協議のあとアメリカ（国連代表国）は、自らの判断で自由に軍事行動を行い、日本（一般加盟国）はそれを支援する義務を負う。

もちろんそのときアメリカの判断において最優先されるのは、今回の米朝ミサイル危機を見てもわかる通り、あくまで「アメリカ自身の安全」でしかないのです。

【資料⑰】「帝国の方程式」の根拠となる国際法上の条文（正文〈英語〉からの著者訳）

○国連憲章・第43条（1項）

国際平和と安全の維持に貢献するため、**すべての国際連合加盟国は、**安全保障理事会の要請にもとづき、かつ単数もしくは複数の特別協定に従って、**国際平和と安全の維持に必要な兵力、援助及び便益を安全保障理事会に利用させることを約束する。この便益には、通過の権利が含まれる。**

○国連憲章・第106条

第43条にかかげる特別協定で、それによって安全保障理事会が第42条にもとづく責任の遂行を開始できるものが効力を生ずるまで（**＝国連軍が機能するまで**）のあいだ、1943年10月30日にモスクワで署名された四カ国宣言（**米英ソ中**）の当事国およびフランスは、この宣言の第5項の規定にしたがって、**国際平和と安全の維持のために必要な共同行動を国連に代って**

とるためにたがいに、また必要に応じて他の国際連合加盟国と協議しなければならない。

○モスクワ宣言〔四ヵ国宣言〕 第5項

法と秩序をふたたび確立し、一般的安全保障制度〔＝のちの国連〕が発足するまでのあいだ、国際平和と安全の維持のために、諸国家に代わって共同行動をとるため、われわれ4カ国はたがいに協議し、必要な場合には他の連合国とも協議する。

もともと行政協定の交渉担当者であるラスクは、交渉中、日本の岡崎国務大臣に対して、米軍の行動原理を次のように説明していました（「FRUS」一九五二年二月八日）。

〈米軍は、戦争の危険が生じたときは、自らの戦術的・戦略的判断により、自らの安全確保のために行動する〉

〈米軍の安全確保は、他国〔＝日本〕への通報や協議によって制限される問題ではない〉

〈緊急時の米軍の行動は、提供された基地や使用区域のなかだけにかぎらない〉

〈行政協定による軍事行動の制限は、戦争の危険が生じたときには適用されない〉

つまり簡単に言えば「戦争の危険が生じたら、米軍はどんな取り決めも守らない」ということです。これこそが、ダレスが冷戦時代にデザインし、岸首相が安保改定時に全力で支持し、いままた安倍首相が全力でそれを完成させようとしている「日米同盟」の本当のコンセプト、ダレスのいう「日米の片務的な関係」だということなのです。

保守派のみなさんは、本当にそんな「国の形」でいいのでしょうか。

国連憲章・第１０６条が「帝国の方程式」の源流だった

思えばこの国連憲章・第１０６条こそが、戦後世界を支配する「帝国の方程式」の源流、つまり「条文中に内容が明記されているが、その意味はきちんと説明されていない取り決め」そのものだったわけです。

私も最初にこの１０６条を読んだときは、

「えっ、すごいことが書いてあるな」と驚いたものの、

「まさかそんなこと、本当にできるはずはないだろう」と思っていました。

けれども旧安保条約の成立過程を調べていくうちに、一九五〇年六月二六日、朝鮮戦争の勃発の翌日に行われた、日本の独立をめぐるダレスとマッカーサー元帥（マッカー

サー大使のおじ）の話し合いのなかで、

「占領が終わったあと、どういう名目で日本に基地を置きつづければいいのか」

と悩むマッカーサーに対し、ダレスが、

〈国連憲章106条を使えばいいのです。われわれ安保理常任理事国には、正規の国連軍ができるまでのあいだ、国際平和と安全のために必要な〔軍事〕行動を国連に代わってとることが認められております〉

と助言していた事実を知り、＊戦後世界における米軍の身勝手な行動と論理の背景に、本当にこの条文の存在があることがわかったのです。＊＊

＊『知ってはいけない』（→244ページ）

＊＊実はダレスは国連憲章の重要な執筆者のひとりであり、この106条や、集団的自衛権を定めた51条など、本来の国連の理念に対する「例外規定」の成立に主導的な役割をはたしたと考えられています（『日本はなぜ、「戦争ができる国」になったのか』矢部宏治　集英社インターナショナル）

「アメリカの言うことを聞いているお友達は、日本だけだ」

よく考えてみると、まったくおかしな話ばかりじゃないでしょうか。国連というのは本来、加盟国の「主権平等」（国連憲章・第2条1項）と「国際紛争の平和的手段による解決」（同・第2条3項）を、最大の基本原理として設立された国際機関のはずです。

ところが今回の米朝・核ミサイル危機を見てください。アメリカは、自分たちは世界中をいつでも核攻撃できる体制を維持していながら、北朝鮮のミサイルが自国に届きそうになると、公然と金正恩の「斬首作戦」を検討し、実際に訓練までしていたのです。

過去（二〇一一年五月）には本当に、主権国家であるパキスタンに勝手に侵入して、ビン・ラディンを殺害するなどということもやっていますし、みなさんよくご存じの通り、確実な証拠もなく開戦して、数十万人ともいわれる罪のない市民を殺害した二〇〇三年のイラク戦争や、今年（二〇一八年）の四月に行われた、国連安保理決議のまったくないシリアへの空爆（イギリス・フランスとの共同軍事行動）などもありました。

公言こそしないものの、そうした軍事行動のウラ側には、すべてこの国連憲章・第106条があることは確実なのです。なにしろ条文に「そうしてもよい」と、はっきりと書いてあるのですから。

もっとも国際社会において、この106条を使ったアメリカの「帝国の方程式」が、これ以上進んでいくことはないでしょう。世界でアメリカだけが飛び抜けた経済力を持つ時代は、すでに遠い昔に終わっています。また、多くの有力な国連加盟国に加えて、なによりアメリカ自身の国内に、そうした国際法を真正面から踏みにじる軍事行動に対して、強く批判する勢力が存在するからです。

まるで冷戦期の亡霊のような、この「アメリカ＝国連」「米軍＝国連軍」という106条のトリックを認めているのは、いまや日本の自民党政権だけなのです。世界中で、「アメリカの言うことを聞いているお友達は日本だけだ」（ランベルト・ディーニ　元イタリア首相）という状況にあるのです（「他国地位協定調査・中間報告書」沖縄県）。

リベラル派（左派）へのお願い

最後にリベラル派（左派）と呼ばれる勢力の、とくに年配の方々にお願いがあります。みなさんは政治的なリテラシーも高く、市民運動などの経験も豊富な、非常に強力な政治勢力です。ですから、どうかそのみなさんが、憲法について真正面から議論することをタブー視しないでいただきたいのです。

私がここまでお話ししてきたような、米軍部とアメリカ国務省によって仕掛けられた数々の法的トリックと、実質的な軍事占領状態、憲法の機能停止状態。

はたしてそうした問題を、「憲法には指一本ふれるな」という従来の方針のもとで、解決することができるでしょうか。

　私は、できるとは思いません。この際限のない「米軍支配体制」から抜け出し、正常な民主主義国家として生まれ変わるためには、歴史上、民主化を勝ち取ったすべての国と同じように、最終的にはそうした歪んだ現状を違憲とする、より民主的な憲法をつくってその旗のもとに結集し、独裁政権を打倒するしかないのです。

　本書が出版されたときに憲法改正問題がどんな段階に入っているかはわかりませんが、「議論しないことで憲法改正を封じる」という戦術は、安倍政権の誕生によって、はるか昔に終わりを告げています。

　それにもかかわらず、なぜ立憲主義を標榜するリベラル派の年配の方々が、たとえば30代、40代の若い世代の人たちが少し憲法についての歴史的事実を語っただけで、いきなり激怒してしまうのか。

　それはひとことでいうと、

「憲法9条は、日本の首相が絶対平和主義に基づいて考えた、世界一の平和憲法だ」

という長年の幻想が、壊れるのが嫌だからなのでしょう。

「では、お前自身の考えはどうなのだ」

と言われれば、ちょうど今年の1月、なぜか複数の読者から連続して憲法9条・幣原（喜重郎）首相発案説についての質問があったので、SNS上で次のようにお答えしたことがありました。

そろそろ事実にもとづいた議論を始めましょう

〈憲法制定過程の研究というのは、法学ではなく歴史学なので、専門家の見解は政治的な立場を問わず、実はみな、ほとんど同じ。憲法9条・幣原発案説については明確にこれを否定しています。

当然です。それを証明する確実な証拠（ハード・プルーフ）がひとつもないのですから。

たとえば私が最も尊敬する、リベラル派の憲法制定過程研究の第一人者である古関彰一・獨協大学名誉教授は、その研究の集大成である『日本国憲法の誕生　増補改訂版』（岩波書店　二〇一七年）の結論部分で、温厚な同教授には珍しく、歴史的史料を無視して幣原発案説を述べる専門外の「学者」たちを強く批判しておられます。

「戦争放棄がマッカーサー＝GHQの発案なのは間違いない」

「幣原説の根拠は、日本が再軍備したあと〔＝朝鮮戦争が勃発したあと〕のマッカーサーと幣原の発言しかない」

「幣原説を唱える人たちは、9条は日本人の発案であってほしいのだろう。しかし、願望では学問にならないのだ」

これが、すべてです。古関教授の長年の研究の結論であり、ほとんどの歴史研究者に共通した常識なのです。ですから幣原発案説をとなえる「法学」や「思想・哲学」系の学者の方たちは、まずそうした歴史家たちが長い年月をかけて証明してきた憲法制定過程の研究をひっくり返すような確実な証拠を、ひとつでいいから示す必要があります。具体的には、GHQの憲法執筆時におけるアメリカ側の公文書です（もちろんそのような資料が出てくる可能性は、ほとんどゼロと言っていいのですが）。

米軍に事実上支配された日本の戦後史の中で、その強い戦争協力要請に抵抗するため、日本人の平和への思いを象徴する「神話」を大切にしてきた歴史的経緯は理解しますが、さすがにもうそろそろ事実にもとづいた議論を始めねばなりません。

学者と呼ばれる人たちが「調べたこと」ではなく、「頭で思ったこと」を元にしか議論できない。そうした客観性の弱さこそが、日本人の最大の知的弱点なのですから〉

虚構を信じてしまうと、現在の苦境から永遠に抜け出せない

多くの人の怒りを買いながら、なぜ私が以上の点を繰り返し強調するかというと、**「憲法9条は、日本の首相が絶対的平和主義に基づいて発案した」という虚構を本気で信じてしまうと、私たち日本人は、かつて「軍事上の主権」を手放したことから生まれた現在の苦境から、永遠に抜け出せなくなってしまうからなのです。**

日本の憲法9条は、一九四六年二月にマッカーサー元帥とその部下のケーディス大佐が、「国連軍」とセットの条文として書いたものです。しかしその後、国連軍は実現しないまま東西の「冷戦（コールド・ウォー）」が始まり、一九五〇年六月にはついに朝鮮戦争という「現実の戦争（ホット・ウォー）」が起きてしまったため、マッカーサーはダレスとの密室の談合で一瞬のうちに大方針転換を行い、憲法9条を「在日米軍」とセットの条文として再定義しました。

そのとき考えだされたのが、２３０ページの図にある法的トリックなのです。

私たちはその歴史的事実を正しく認識し、法的トリックの虚構を直視して、長年の混乱から抜け出さなければなりません。そして少なくとも在日米軍をきちんとした法的コントロールのもとに置く、まともな民主主義国として再スタートしなければならないのです。

【資料⑱】新安保条約の条文（原文／前文他は省略／傍点は著者）

第1条　締約国は、国際連合憲章に定めるところに従い、それぞれが関係することのある国際紛争を平和的手段によつて国際の平和及び安全並びに正義を危うくしないように解決し、並びにそれぞれの国際関係において、武力による威嚇又は武力の行使を、いかなる国の領土保全又は政治的独立に対するものも、また、国際連合の目的と両立しない他のいかなる方法によるものも慎むことを約束する。

締約国は、他の平和愛好国と協同して、国際の平和及び安全を維持する国際連合の任務が一層効果的に遂行されるように国際連合を強化することに努力する。

第2条　締約国は、その自由な諸制度を強化することにより、これらの制度の基礎をなす原則の理解を促進することにより、並びに安定及び福祉の条件を助長することによつて、平和的かつ友好的な国際関係の一層の発展に貢献する。締約国は、その国際経済政策におけるくい違いを除くことに努め、また、両国の間の経済的協力を促進する。

第3条　締約国は、個別的に及び相互に協力して、継続的かつ効果的な自助及び相互援助により、武力攻撃に抵抗するそれぞれの能力を、憲法上の規定に従うことを条件として、維持し発展させる。

第4条　締約国は、この条約の実施に関して随時協議し、また、日本国の安全又は極東における国際の平和及び安全に対する脅威が生じたときはいつでも、いずれか一方の締約国の要請により協議する。

第5条　各締約国は、日本国の施政の下にある領域における、いずれか一方に対する武力攻撃が、自国の平和及び安全を危うくするものであることを認め、自国の憲法上の規定及び手続に従って共通の危険に対処するように行動することを宣言する。

前記の武力攻撃及びその結果として執つたすべての措置は、国際連合憲章第51条の規定に従つて直ちに国際連合安全保障理事会に報告しなければならない。その措置は、安全保障理事会が国際の平和及び安全を回復し及び維持するために必要な措置を執つたときは、終止しなければならない。

第6条　日本国の安全に寄与し、並びに極東における国際の平和及び安全の維持に寄与するため、アメリカ合衆国は、その陸軍、空軍及び海軍が日本国において施設及び区域を使用することを許される。

前記の施設及び区域の使用並びに日本国における合衆国軍隊の地位は、1952年2月

28日に東京で署名された日本国とアメリカ合衆国との間の安全保障条約第3条に基く行政協定（改正を含む）に代わる別個の協定及び合意される他の取極［＝その他の合意される取り決め］により規律される。

第7条　この条約は、国際連合憲章に基づく締約国の権利及び義務又は国際の平和及び安全を維持する国際連合の責任に対しては、どのような影響も及ぼすものではなく、また、及ぼすものと解釈してはならない。

第8条　この条約は、日本国及びアメリカ合衆国により各自の憲法上の手続に従つて批准されなければならない。この条約は、両国が東京で批准書を交換した日に効力を生ずる。

第9条　1951年9月8日にサン・フランシスコ市で署名された日本国とアメリカ合衆国との間の安全保障条約は、この条約の効力発生の時に効力を失う。

第10条　この条約は、日本区域における国際の平和及び安全の維持のため十分な定めをする国際連合の措置が効力を生じたと日本国政府及びアメリカ合衆国政府が認める時まで効力を有する。

　もつとも、この条約が10年間効力を存続した後は、いずれの締約国も、他方の締約国に対しこの条約を終了させる意思を通告することができ、その場合には、この条約は、そのような通告が行なわれた後1年で終了する。

密約をめぐる日本政府の矛盾は…
池田首相
核を積んだ船は寄港を認めない
いやいやずっと来てますから
密約で合意したでしょ?
ライシャワー大使
時代が進むにつれどんどん拡大していった…
非核三原則は核兵器を…はいっ
佐藤首相
もたず つくらず もちこませず
祝 ノーベル平和賞
核の持ち込みを説明されて同意した件のことは封印しないと…
文書改ざん中
そこもっとひろげて塗って
ああ嘆かわしい実に嘆かわしい!
天国の元外務次官
どんどんウソが積み重なって誰もわけがわからなくなっている
国民に謝っていちから議論し直せばいいんですよ
まちがっていました
これが正解!!

終章

外務省・最重要文書は、なぜ改ざんされたのか

「アメリカ政府と数多くの重大な密約を結び、しかしその存在を否定して過去の資料を捨てつづけた結果、日本はいわば「記憶をなくした国」になってしまったのです」　　　（矢部宏治　本書著者）

短い謎解き

ここまで読んでくださったみなさんには、第一章で触れた改ざん文書のことなど、すでにどうでもよくなっているかもしれません。

それでも本書のいわば狂言回しの役目をしてくれた同文書への感謝の意味を込めて、最後に短く謎解きをしておきましょう。43ページにまとめた奇妙な文書の改ざんが意味する日本の戦後史の真実とは、いったいなんだったのか。

筆者の正体

まず、文書の書き手の「正体」からご報告しておきます。

改ざん文書の前半部分を書いた「安全保障課y」とは、誰だったのか。

あの特徴のある「器」の文字などを手がかりに公開文書を見ていくと、その後も原子力潜水艦の寄港問題や事前協議問題について数多くの報告書を書いている、かなりの実力者であることがわかりました。そして一〇年後には肩書が「安全保障課長y」と変わったことから、フルネームも判明しました。

山下新太郎さんという元外務官僚の方で、まだご存命でいらっしゃいます。一九三二年生まれ。五八年外務省入省、七三年安保課長、八三年北米局審議官、八八年情報調査局長、九〇年ポーランド大使、九三年研修所長、九四年韓国大使、九八年交流協会台北事務所長。

外務省に入省されたのは二五歳と少し遅かったようですが、その後かなり順調なキャリアを歩まれたことがわかります。二〇〇九年一二月には、密約調査を行った有識者委員会の「関係者等の聴取」にも応じておられます。

一方、残念ながら、後半部分の筆者はついにわかりませんでした。

いちおう外務省の密約調査のＨＰにアップされた文書（全三三一点）にはすべて目を通してみたのですが、結局見つかりませんでした。

ただし第一章でも述べた通り、後半の文章を書いた方に文書改ざんの意識がなかったことは確実です（既存の文書の後半部分を、単に流用した可能性さえあります）。また当時おそらく三〇代だった山下さんも、行ったことはただ、二枚めの文書の字詰めを一枚めと変えて書いただけで、それももちろん個人の判断ではないでしょう。

問題はそれらの文書を、誰がどんな意図で組み合わせたかということなのです。

奇妙な添付文書

「安全保障課y」の人物像と並んで、もうひとつ謎を解くカギになったのが、改ざん文書（一九六三年四月一三日）に続いて公開されていた添付文書でした。

　左の図のように、二〇一〇年の外務省による文書公開では、この改ざん文書〔上段：「核兵器の持ち込みに関する事前協議の件」〕のあとに、「別添2」と「別添3」という添付文書が並べられていました（この「別添2」が問題の「討議の記録」です）。

　ところが不思議なことに、改ざん文書の文中（↓45ページ）には、「別添2」についての記述はあるものの、「別添3」〔＝「条約第6条の実施に関する交換公文*作成の経緯」〕についての記述がどこにもないのです。

「おかしいな」と思って、「安全保障課y」こと山下新太郎氏の書いた報告書を次々に見ていくと、翌一九六四年一〇月一六日の日付で「条約第六条の実施に関する交換公文の件」という、「別添3」にそっくりのタイトルの文書（↓253ページ上段）がみつかりました。

* 「条約第6条の実施に関する交換公文」というのは、問題の「岸・ハーター交換公文」のことです。

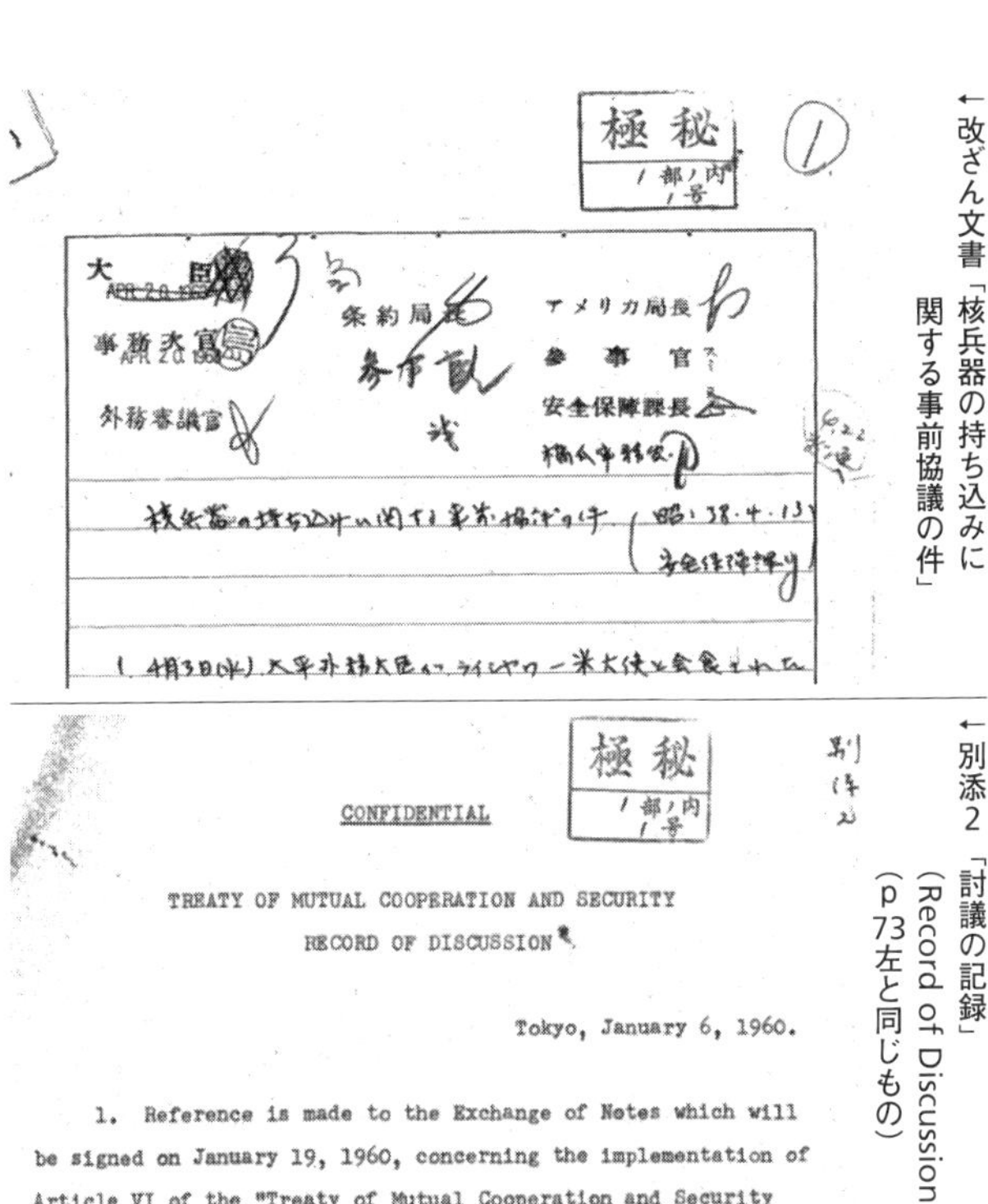

極秘

大臣　事務次官　外務審議官　条約局長　アメリカ局長　参事官　安全保障課長

CONFIDENTIAL

TREATY OF MUTUAL COOPERATION AND SECURITY
RECORD OF DISCUSSION

Tokyo, January 6, 1960.

1. Reference is made to the Exchange of Notes which will be signed on January 19, 1960, concerning the implementation of Article VI of the "Treaty of Mutual Cooperation and Security between the United States of America and Japan", the operative

←改ざん文書「核兵器の持ち込みに関する事前協議の件」

←別添2「討議の記録」(Record of Discussion)(p73左と同じもの)

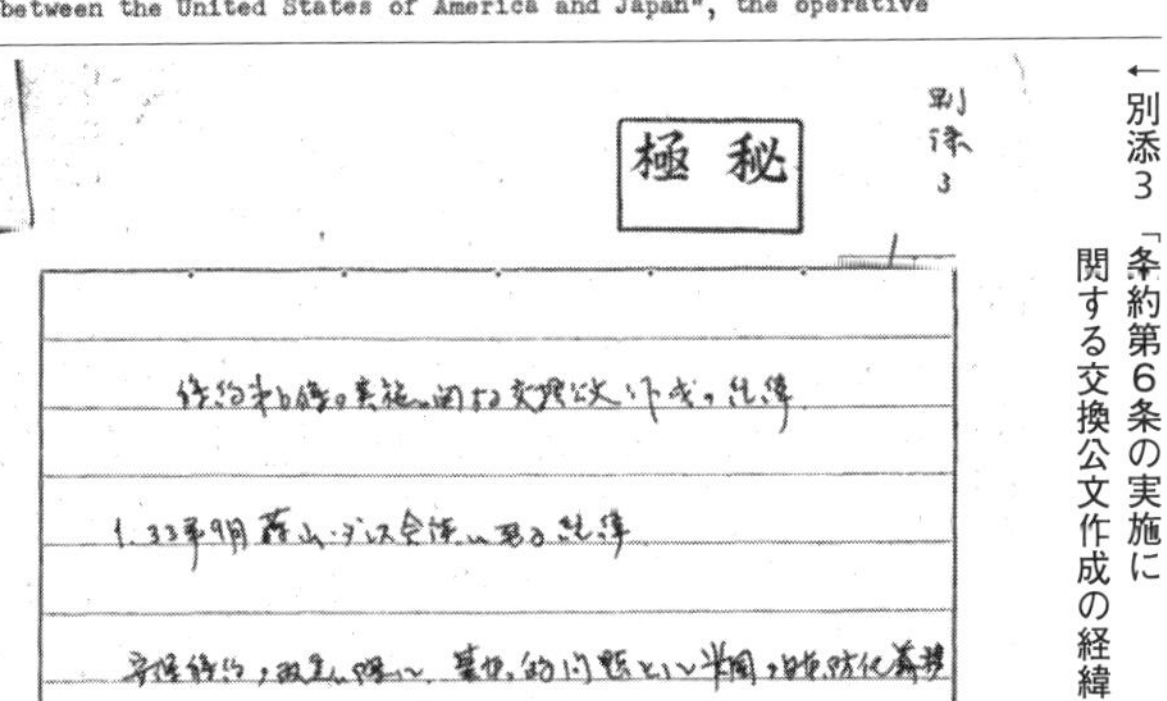

極秘

←別添3「条約第6条の実施に関する交換公文作成の経緯」

セットで書かれた文書と、謎の丸数字

「条約第六条の実施に関する交換公文の件」（一九六四年一〇月一六日）と、「条約第6条の実施に関する交換公文作成の経緯」（「別添3」日付不明）という文書名ですから、セットで書かれたもののように見えます。

しかも前者の文書（←上段）を読んでいくと、四枚めの最終行（←中段）に「交換公文及び極秘「討議の記録」が作成された経緯を見れば、別添3の通り」という箇所があり、それが後者の「別添3」文書を指していることは、内容〔＝交換公文作成の経緯〕から言ってもまちがいありません。

つまり、右のふたつの文書はやはり明らかにセットで書かれたものなのに、なぜかその添付文書（「別添3」→前ページ下段）の方だけが切り離され、あたかも「改ざん文書」（→前ページ上段）の添付文書であるかのような錯覚を与える形で公開されているのです。

さらに不思議なことに、「交換公文の件」（←上段）の一枚め右肩には、改ざん文書（前ページ上段）の右肩にあった①という丸数字と、まったく同じような形で②と書き込まれている。そして気がつくとあの「東郷メモ」（←下段）にも、やはり右肩に⑤という書き込みがあるのです。これらの丸数字は、いったいなにを意味しているのか？

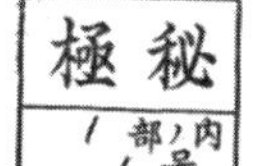

極秘
1部ノ内
1号

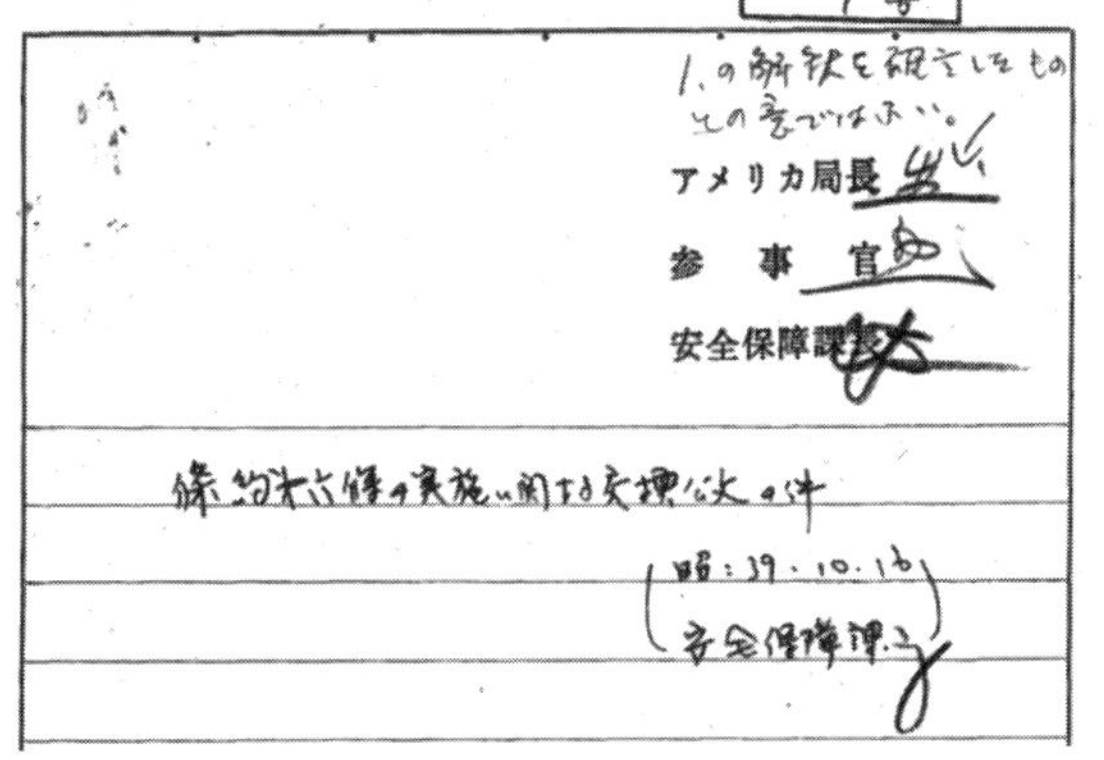

アメリカ局長
参事官
安全保障課長

条約第六条の実施に関する交換公文の件

（昭39.10.16
安全保障課）

← 1枚め

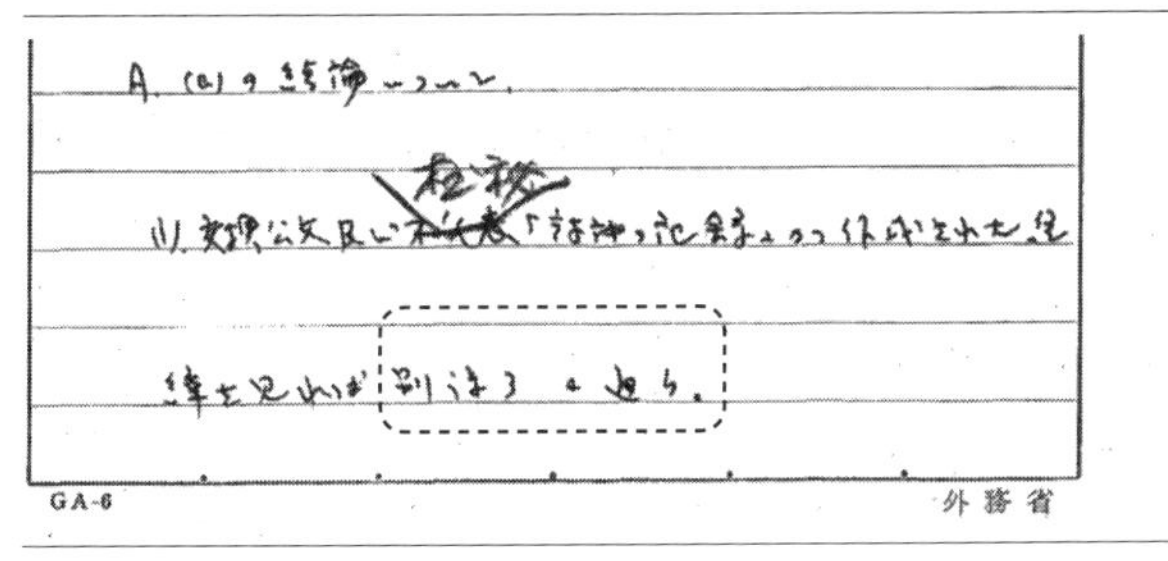

GA-6　外務省

← 4枚め

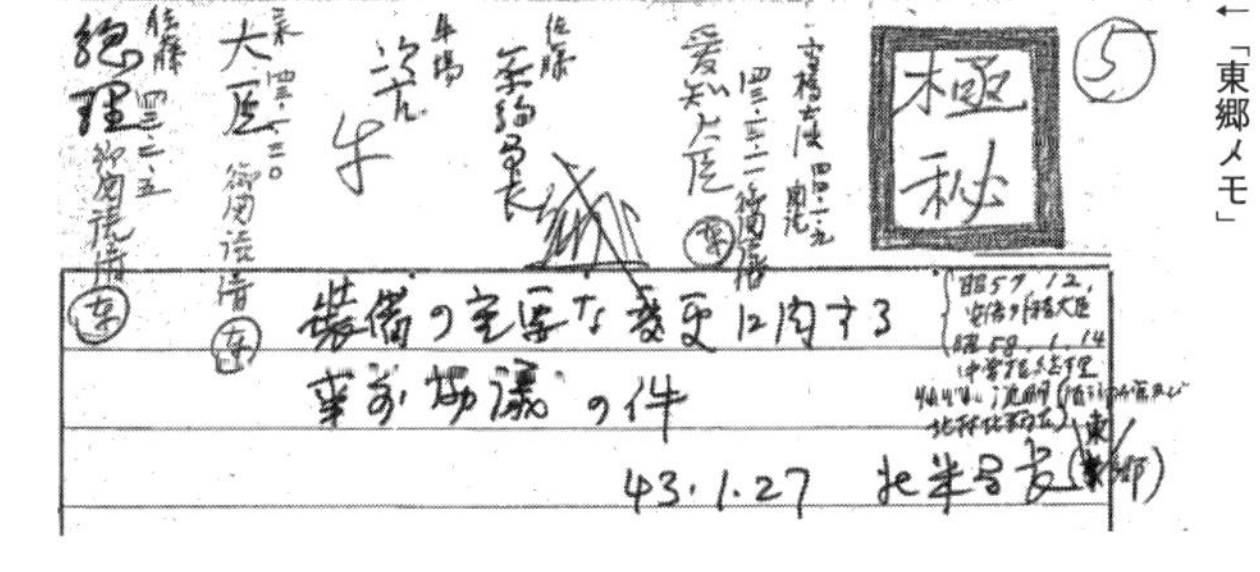

極秘

装備の重要な変更に関する
事前協議の件

43.1.27　北米局長（東郷）

← 「東郷メモ」

並べ替えられた五つの最重要文書

この複雑な状況を理解してもらうためには、まず外務省の密約調査で公開された内部文書には、三五点の最重要文書を編纂した「報告対象文書」(左のリストA:一部)と、それ以外、つまり「それほど重要でない文書」を編纂した二九六点の「その他関連文書」(左のリストB:一部)があったということを知っておいていただく必要があります。

そしてここからは推測になりますが、両者を合体させた左ページ下の図(リストB)を見るとわかるように、もともと外務省が保管していた核密約関連の最重要文書は、右肩の丸数字に従って、①②③④⑤の順に並べられていた可能性が高い。そしてその前提に立つと、時期こそ特定できませんが、東郷メモの作成(1968年)から密約文書の公開(2010年)までのどこかの段階で、次のふたつの操作が行われたことになります。

[A]①②③④⑤の順に並べられていた核密約関連の最重要文書ファイルから、公表すると絶対に都合の悪い③と④が抜きとられ、隠蔽された。

[B]重要文書②の「交換公文の件」から、その付属文書である「交換公文作成の経緯〔別添3〕」だけが切り離され、あたかも問題の改ざん文書〔最重要文書①〕の添付文書に見えるような位置に並べかえられた。

リストA「報告対象文書」(全35点)一覧

①1960年1月の安保条約改定時の		
報告書文書No	日付	
1−1	昭和33年7月2日	米軍の配備及び使用に関する日本側書簡案
1−2	昭和35年6月	日米相互協力及び安全保障条約交渉経緯
1−3	昭和38年4月13日	核兵器の持ち込みに関する事前協議の件
1−4		條約第6條の実施に関する交換公文作成の経緯 ←
1−5	昭和43年1月27日	装備の重要な変更に関する事前協議の件
1−6	昭和44年8月15日	8月15日スナイダー公使と会談の件
1−7	昭和44年8月18日	8月18日スナイダー公使と会談の件

リストB「その他関連文書」(全296点)一覧(灰色部分はリストAの文書)

72		昭和35年2月6日	事前協議に関する交換公文関係(想定問答)
	1−2	昭和35年6月	日米相互協力及び安全保障条約交渉経緯
73		昭和35年11月30日	事前協議(想定問答)
	1−3	昭和38年4月13日	核兵器の持ち込みに関する事前協議の件
74		昭和38年6月7日	原子力潜水艦寄港問題および核兵器の定義に関す
75		昭和39年7月20日	原子力潜水艦入港に関する最終文書ならびに外務
76		昭和39年7月29日	原子力潜水艦の本邦寄港問題に関する件
77		昭和39年10月16日	条約第六条の実施に関する交換公文の件
	1−4		条約第六条の実施に関する交換公文作成の経緯
78		昭和42年7月25日	施政権返還に伴う沖縄基地の地位について
79		昭和42年8月3日	施政権返還に伴う沖縄基地の地位について
80		昭和42年8月7日	施政権返還に伴う沖縄基地の地位について
	1−5	昭和43年1月27日	装備の重要な変更に関する事前協議の件

【当初並べられていたと思われる最重要文書の順序】

① → 1−3
② → 77
(②の「別添3」) → 1−4
③ → [A](隠蔽)
④ → [A](隠蔽)
⑤ → 1−5

[B](移動)

改ざんの動機はなんだったのか

では、いったいなぜ外務省はそんなことをしたのでしょう。

結論からいえば、おそらくすべては第二章で触れた「密教の経典」、一九六八年の「東郷メモ」の方針通り、「密約は存在しない〔＝成立していない〕」という従来の見解を維持するためだったものと思われます。

273ページに全文を載せておきましたが、「東郷メモ」の事実認識は大きくいうと、

①「大平はライシャワーから、核の持ち込みについてのアメリカ政府の解釈〔＝持ち込みを密約で認めている〕を聞いたが、それに同意した事実は確認されていない」

②「外務省内を調べてみたが、そうしたアメリカ政府の解釈については、記録も記憶も存在しなかった」

という二点にしぼられます。

その方針にそって、まず右①の主張を証明するために、一九六三年四月の「第一回大平・ライシャワー会談」についての報告書が改ざんされたのではないか〔当日の会談内

容を①の論旨に合わせて修正するため」。

そして同じく②の論旨を補強するために「交換公文作成の経緯〔別添3〕」が「交換公文の件」から切り離され、「改ざん文書」のすぐ後ろに移動させられたのではないか。なぜなら「交換公文作成の経緯」の内容は、基本的に新安保条約締結の直後（一九六〇年六月）に東郷がその交渉経緯をまとめた、「日米相互協力及び安全保障条約交渉経緯」（「報告対象文書1－2」→255ページ上段）という文書から、事前協議関係の箇所だけを山下新太郎氏が抜粋してまとめたもので、「東郷メモ」と矛盾する内容はどこにも含まれていないからです。

一方、その本体である「交換公文の件」には、両論併記の形ではあるものの、〈事前協議の対象となるのは日本に配置された米軍だけであって、たとえば配置されていない第七艦隊が、核を積んで日本に寄港しても事前協議の対象にはならないという解釈も成り立つ〉という山下新太郎氏自身の見解*が書かれているため、どこかの時点で「重要文書」のリストから外されることになったのでしょう。

＊より正確にいえば、山下氏自身の見解というよりも、実はこのラインでの見解を「条文化せずに黙認する」というのが、日本側の官僚たちの「安保改定時の暗黙の合意」だった可能性が高いと私は思っています

改ざんが行われた日はいつだったのか

では、最も重要な問題である「第一回大平・ライシャワー会談」の報告書の改ざんは、いつどのような状況のもとで行われたのか。

結論からいうと私は文書の改ざんが行われたのは、「東郷メモ」が書かれた一九六八年の一月二七日から、その四日後の三一日までの間である可能性がもっとも高いと考えています。というのは最近、重要な資料がアメリカのジョンソン大統領図書館で公開され、かなりの精度でその間の事情が明らかになってきたからです。

私自身はその原資料を読んでいないのですが、以下、その資料をもとに執筆された高橋和宏・防衛大学准教授のコラムの記事*を参考にして、一九六八年一月に起きた「東郷メモ」と「改ざん文書」の成立までの経緯を推測してみたいと思います（各項の末尾にⒿとあるものが、ジョンソン大統領図書館の公開文書に基づく高橋准教授の記事をもとにした箇所です）。

＊「日米「核密約」の成立はいつか？―ジョンソン大統領図書館公開文書からの一考察―」（データベース日本外交史）

「東郷メモ」と「改ざん文書」の成立の経緯？

○一九六八年一月一九日　**原子力空母エンタープライズが佐世保に初入港。大規模な反対運動が起こる。**それを受けて同日、三木外務大臣がジョンソン大使に向けて、「エンタープライズが核兵器を積んでいるのではないかという、日本国民の疑念を払拭する方法はないでしょうか〔＝積んでいないと表明してほしい〕」と発言する。

核密約が佐藤政権に引き継がれていないことを確認したジョンソンが対策を練る。

○一月二四日　アメリカ大使館のオズボーン公使が〔核密約についての認識を確認するために〕大平と会談する。

このとき大平は、自分が一九六三年四月にライシャワーと会談したことは認めたものの、安保改定時に日本政府が、核の持ち込みに関するアメリカ側の解釈を認めたかどうかについては明言を避け、少し時間がほしいと回答を留保した。

その一方、大平は〔旧知の〕牛場外務次官にオズボーンとの会談を報告した(J)。

○**一月二六日**　その報告を受けて、ジョンソン大使と、**牛場外務次官、東郷アメリカ局長の三者会談*がセットされ、ジョンソンがアメリカ政府の見解を牛場と東郷に伝える。**

○**一月二七日**　ジョンソンとの会談の翌日、東郷が「東郷メモ」を作成する。

○同日　**佐藤首相が「非核三原則」についての施政方針演説を行う。**

○一月三〇日　**同じく佐藤が「非核三原則」について代表質問で答弁する。**

○同日　三木が「東郷メモ」の説明を受ける（同メモ欄外の書き込みより）。

○一月三一日　牛場・ジョンソン会談で、牛場が「一九六三年の大平・ライシャワー会談後、外務省内ではライシャワーの立場に反論する文書が作成された」ことを伝える。

さらに〈日本政府はアメリカ側の解釈を受け入れるが、当分のあいだ国会でそれとは異なった発言をしても、あまり気にしないでほしい〉と発言し、「東郷メモ」で示された「「さしあたり日米とも、現在の立場をつづけるしかない」という」方針について了解を求める。ジョンソンも事実上、その考えを受け入れるⒿ。

○二月五日　佐藤が「東郷メモ」についての説明を受ける（同メモ欄外の書き込みより）。

＊硫黄島と小笠原を視察時のヘリコプター機上での会談でした

なぜ改ざん文書は生まれたのか

いかがでしょうか。

原子力空母エンタープライズが佐世保に初入港し、反対運動が大きな盛り上がりをみせるなか、佐藤政権は「非核三原則」をどんどん表明してしまい、この三年後には国会決議、六年後にはそれを理由に佐藤がノーベル平和賞まで受賞してしまいます。

加えて前年一一月の佐藤訪米により、すでに沖縄返還問題も大きく動き出しており、その前哨戦である小笠原返還協定の調印がまさに目前（四月五日）に迫っているなど、一年前にアメリカ局長として日本に復帰したばかりの東郷にとっては、本当に大変な時期だったと思います。

けれども佐藤の「非核三原則」の表明は、もはや止めることはできない。その一方、ジョンソン大使は、核兵器を搭載した艦船の寄港は、すでに日本政府の了承済みのはずだと猛烈に圧力をかけてくる。とにかくいまはアメリカからの圧力を一時的にでもかわして、なんとか窮地を乗り切るしかない。

そうしたギリギリの状況のなかで、ジョンソン大使からの圧力に対抗するための「基本戦略書」として、ほとんど一日でまとめられたのが「東郷メモ」だったわけです。

そしてさらには、その「東郷メモ」で示された基本戦略のもと、強力な「武器」として用いるべく手を加えられたのが、問題の改ざん文書（第一回大平・ライシャワー会談の記録「核兵器の持ち込みに関する事前協議の件」）だったのではないかと私は推測します。

今回新たに公開された公文書における最大のポイントは、**牛場次官が「東郷メモ」に**

書かれた戦略を完全に共有してその方針通りに動き、ジョンソン大使に対し、「一九六三年の大平・ライシャワー会談後、外務省内ではライシャワーの立場に反論する文書が作成された」と伝えたこと。そしておそらくその文書の存在をジョンソンとの会談における最大の切り札として、危機的状況を乗り切ろうとしていたという点です。

外務省の密約調査によって公開された全文書のなかで、右の条件を満たす文書は、一九六三年四月一三日に山下新太郎氏によって前半部分が書かれ、その後、後半部分にまったく別の人間による文書が付け加えられた、本書35〜38ページに掲載した「改ざん文書」しかありません。

ですから、牛場・東郷が切り札として使った文書が、この「改ざん文書」である可能性は非常に高く、その場合、改ざんが行われたのは、一九六八年一月二七日の「東郷メモ」の執筆から同三一日の牛場・ジョンソン会談までの間であることが強く推測されるのです。

なぜ文字の大きさがちがっていたのか

もうひとつ残された謎は、なぜ山下新太郎さんが書いた一枚めと二枚めの文書の文字が、倍近くも大きさが違っていたかということです。

それはおそらくこういう理由だったのではないでしょうか。

問題の改ざん文書は、45・46ページの内容を読むとわかるように、前半の二枚は、

「大平はライシャワーから、核の持ち込みについてのアメリカ政府の解釈を聞いた」、

そして後半の二枚は、

「外務省内を調べてみたが、そうしたアメリカ政府の解釈については記録も記憶も存在しなかった」

という、「東郷メモ」とまったく同一の論理構成（→256ページ）になっています。

まさに「東郷メモ」の要約版といったところです。

しかし、もともとこの文書の前半二枚めの部分には、どんな表現かはともかくとして、

「大平はライシャワーの見解を否定せず、基本的に受け入れた」

「その見解を池田首相にも伝えると述べた」

などの、アメリカ側公文書と同じ内容の記述が含まれていた可能性が非常に高い。

なぜならアメリカの外交官、しかもライシャワーのような人物が、駐在国の外務大臣

の発言について、まったく相手が言っていないことを報告書に書く、つまり百パーセントのウソをつくなどということは、絶対にありえないからです。

ですから、そうした都合の悪い部分はおそらく削除した上で、しかし前半の二枚は、

「大平はライシャワーから、アメリカ側の解釈を聞いた」

という256ページ①の内容だけでなんとか完結させ、後半二枚の、

「外務省内の過去の資料を調べたが、ライシャワーの見解を裏づける事実はなかった」

という内容（同②）の「別の文書」につなげる必要があった。

しかし前半の一枚め（→35ページ）には決裁欄のサインや「回覧番号」などが書かれているため、手を加えることはいっさいできず、二枚めでむりやり字詰めを広くして、削除した分のスペースを埋めなければならなかった可能性が非常に高いと私は思います。*

＊同文書一枚めの決裁欄左上を見るとわかるように、〔大平〕外務大臣の印鑑が一度押されたあと、線で消されて、菊地清明・大平外務大臣秘書官の「菊」の字（高橋准教授・同前による）と、「了」の字によるサイン（決裁）が書かれています。おそらく文書の改ざんにともない、大平は関与させない形での調整が行われたのでしょう

なぜ半世紀たっても、誤りを認められないのか

この経緯を具体的にたどってみて、私はむしろ牛場と東郷に同情したくなりました。

もし私の推測どおり、彼らが立てた戦略のもとでこの時期、改ざんが行われていたとしても、「緊急避難的な措置だった」という情状酌量の余地はあるかもしれません。またこれほど時間がなければ、「東郷メモ」の内容に複数のまちがい（↓276ページ）があったことも批判する気にはなれません。

しかし、そこで逆に最大の問題として浮かび上がってくるのは、このとき冷戦の真っただ中で緊急避難的につくられた「さしあたり*」の方針と、おそらく「歴史の改ざん」を、半世紀たってもまだ日本の外務省が金科玉条のごとく守りつづけているという事実です。

そもそも二〇一〇年という、東西冷戦が終わってから二〇年もたった時代に大規模な調査を行いながら、誰もがあることをわかっているアメリカとの軍事上の密約について、

「厳密な定義では、密約は存在しなかった」

などという、国外では絶対に説明不能な報告書（有識者委員会報告書）を書き、それを強引に押し通す必要が、どこにあったのでしょうか。

第二章で触れた村田元外務次官の遺言である、

「政府の国会対応の異常さも一因だと思う。いっぺんやった答弁を変えることは許されない

ないという変な不文律がある。謝ればいいんですよ、国民に。微妙な問題で国民感情もあるからこういう答弁をしてきたと。そんなことはないなんて言うもんだから、矛盾が重なる一方になってしまった」という言葉が何度も頭をよぎります（↓52ページ）。

＊「東郷メモ」のなかの表現↓275ページ。

「書物が焼かれるところでは、やがて人間も焼かれるようになる」

この点がおそらく、われわれ日本人の抱える最大の欠点なのでしょう。誰もがウソであることを知っているのに、どうしてもそれを止めることができない。

私たちの国は、なぜか他の国に比べて、ジャーナリズムも、アカデミズムも、きちんとそうした問題を批判する力が極端に弱いのです。

「密約研究の父」である新原昭治さん以外に、この二〇一〇年の外務省の密約調査における「有識者委員会報告書」に対して、真正面から批判をしている人を私は長らく知りませんでしたが、今回ようやく見つけましたので、ご紹介しておきます。

大平・ライシャワー会談のところで著書から引用させていただいた、共同通信の記者で、事前協議制度についてのすぐれた著書（『日米安保と事前協議制度——「対等性」の維持装置』吉川弘文館）のある豊田祐基子さんです。豊田さんはこの「有識者委員会報告書」について、非常に簡潔につぎのように書いています。

「約50頁にわたる報告書を手にした筆者〔豊田氏〕は暗澹たる思いに捉われている。そこに提示されていたのは密約を結び、引き継いできた責任を回避したい一心の外務省のシナリオに沿った「厳密に言えば密約は存在しない」という詭弁に過ぎなかったからだ」（「「密約」の半世紀と日米安保」『「日米安保」とは何か』藤原書店 所収 二〇一〇年）

本当にその通りなのです。少しでも勇気をもって批判する姿勢さえあれば、非常に単純な話なのです。

歴史を真正面からねつ造する行為と、それに対し口をつぐむことは、共に歴史資料を廃棄する行為に等しいと私は思います。日本は戦前それで一度、国を滅ぼし、そしていま、みなさんよくご存じの通り、安倍政権のもとで、まったく同じ過ちを繰り返そうとしているのです。

「書物が焼かれるところでは、やがて人間も焼かれるようになる」

ハイネの戯曲『アルマンゾル』のなかの有名なこの言葉を、いま私たちは真剣に思い起こすべきなのでしょう。

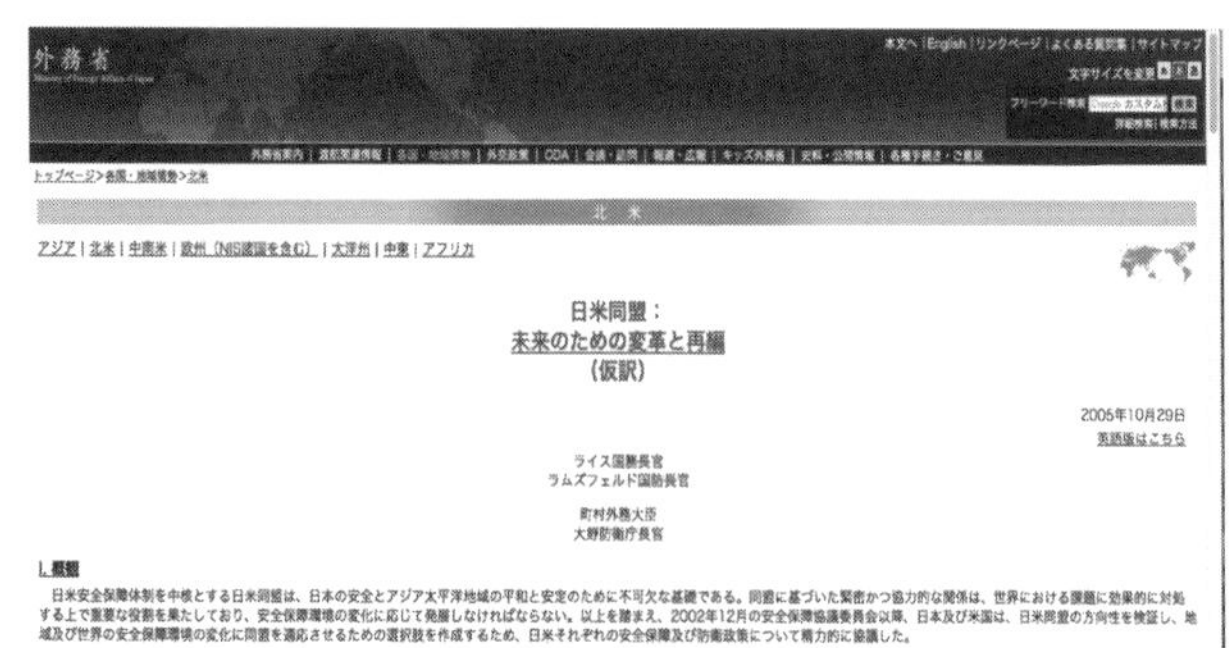

外務省

本文へ | English | リンクページ | よくある質問集 | サイトマップ

北米

アジア | 北米 | 中南米 | 欧州（NIS諸国を含む） | 大洋州 | 中東 | アフリカ

日米同盟：
未来のための変革と再編
（仮訳）

2005年10月29日
英語版はこちら

ライス国務長官
ラムズフェルド国防長官

町村外務大臣
大野防衛庁長官

I. 概観

日米安全保障体制を中核とする日米同盟は、日本の安全とアジア太平洋地域の平和と安定のために不可欠な基礎である。同盟に基づいた緊密かつ協力的な関係は、世界における課題に効果的に対処する上で重要な役割を果たしており、安全保障環境の変化に応じて発展しなければならない。以上を踏まえ、2002年12月の安全保障協議委員会以降、日本及び米国は、日米同盟の方向性を検証し、地域及び世界の安全保障環境の変化に同盟を適応させるための選択肢を作成するため、日米それぞれの安全保障及び防衛政策について精力的に協議した。

「日米同盟：未来のための変革と再編」（仮訳）（外務省ＨＰ）

密約が生んだ自発的隷従状態

こうして密約という「国民へのウソ」をきちんと清算できず、その記録を改ざんしたり文書を捨てたりしたあげく、ついには自分たちでもわけがわからなくなり、いつアメリカ政府から「その条文の解釈はまちがっている」といわれるか、まったく予想がつかなくなってしまった日本の外務省は、ついに次のような非常に恥ずかしい、しかし実用的な解決策をとるようになったのです。

それは、「日米間の重要な取り決めについては、英語の条文だけが正文で、日本語の条文はすべて「仮訳」という暫定的なものとする。しかし暫定的というのはあくまで建前で、永遠に正文はつくらない。そしてもしもアメリカ側から「その解釈はちがう！」といわれたら、いわれた通りに日本語の条文の仮訳を変更する」という解決方法です。

その結果、現在では国家の命運を決するようなアメリカとの重要な合意文書が、どうどうと外務省のホームページに「仮訳」と表示されてのっています（右ページ上）。そして、ただすべてがアメリカのいいなりという、世界でもただ一ヵ国だけの恥ずかしい「外交方針」ができあがってしまったというわけです。

理不尽なゲームでは頑張れない

「なぜ密約はダメなのか」という根源的な問いへの答えは、ひとつはそのように、

「それが自発的な隷従状態を生み、国家の主権を失わせてしまうからだ」

といってよいでしょう。

知らないルールがたくさんあって、いくらがんばってプレーしても突然その知らないルールを持ち出され、せっかくの得点を無効にされてしまうような理不尽なゲーム。そんななかで闘争心を持って戦いつづけることなど、もちろん誰にとっても不可能です。

だから交渉担当者（＝外務官僚）が無力感にとらわれ、しだいに最初から争わず、自分から相手（アメリカ側）の意向を先まわりして推測し、それを丸のみした方がよいという

ことになってしまう。

激しく交渉することはせず、適当に戦っているふりをしながら、うまく負ける。相手が花を持たせてくれる場面では少し攻めこんでみせるが、攻めてはいけない場面では最初から絶対に議論をしない。

「なにをやってもムダなんだ。とにかく逆らうな」

しかしそうした交渉態度は結局、アメリカ側担当者の軽蔑をまねき、さらなる悪循環を生んでいくことになるのです。

記憶をなくした国

もうひとつは、もっと深刻な問題です。

アメリカ政府と数多くの重大な密約を結び、しかしその存在を否定して過去の資料を捨てつづけた結果、日本はいわば「記憶をなくした国」になってしまったのです。それは同時に、日本がアイデンティティ（自己同一性）を喪失した国になってしまったということでもあります。

考えてみてください。そもそもすべての人間にとって、アイデンティティのもとになるものは過去の記憶です。

「自分はどういう性格の人間なのか」
「自分はどういう生き方をしたいと思っている人間なのか」
「自分はなにを大切に思い、どういうときにどういう行動をとる人間なのか」

そうした自己認識のもとになるのは、すべて過去の記憶なのです。だから過去の記憶を自ら捨てた人間に、アイデンティティは存在しない。その言動にも原則というものがまったくなくなってしまう。

明らかなウソをみんなが見ている場所で堂々と口にし、みんながそれをウソだとわかっているのに、恥ずかしいというそぶりを見せない。隣にいる仲のよい相棒と一緒に、なぜかニヤニヤ笑ったりしている。

主義主張はといえば、そのときそのときで、ただ強いものの言うことにはなんでも従うだけでコロコロと変わり、まったく一貫性というものがない。

そんな人間と、そして国家と、誰がまともにつきあおうと思うでしょうか。

現在の日本の長期政権のトップである安倍首相とその相棒である麻生太郎財務大臣・副総理は、まさしくそのような「記憶をなくした人間」の典型といえるでしょう。

一方、朝鮮半島では、韓国の文在寅（ムンジェイン）大統領の世界史レベルの鮮やかな外交によって、分断された民族の融和と核戦争の回避という「絶対的な善（ト・アリストン）」に向けて、大きく歴史が動き始めています。

外交というのは、けっして軍事力だけが武器ではない。「論理」と「倫理」、そして「正義」が、現実の世界においても非常に大きな力になる。そのことを証明してくれた文大統領に、心から感謝したいと思います。

日本もこの大きな歴史の流れを見失わず、自らの欠点と過去の外交上のあやまちは潔く認めたうえで、世界から尊敬される国になれるよう、少しずつでも変わっていきましょう。

論理と倫理を無視してただ強い者（＝米軍の主導する核軍事同盟）の言うことにすり寄っていれば、自国の安全と繁栄が維持されるという時代は、すでに終わりを告げているのですから。

【資料⑲】「東郷メモ」(→55ページ)**を読む**
(文中の太字と傍点はすべて本書の著者によるものです)

装備の重要な変更に関する事前協議の件〔昭和〕43・1・27　北米局長(東郷)

1.　1月19日　(三木)大臣(ジョンソン)米大使会談の際、大臣より空母エンタープライズ等に関する核兵器の問題に関し、何等か「疑念」払拭の方法なきやとの趣旨を述べられたる経緯ある所、その後26日 小笠原訪問の機上において、米大使より外務次官〔牛場〕及び北米局長〔東郷〕に対し、次の経緯を述べた。

2.　すなわち、

(イ)**昭和38年4月4日 大平大臣 ライシャワー大使 朝食の際、ラ大使より「事前協議**に云う**『持込み』とは持って来て置いておくことで、 核兵器搭載の艦船 航空機の一時立寄りは『持込み』に該当しないのではないか」との意向を述べた。之に対し大平大臣は 何れとも見解を述べられなかった**〔*注1〕。〔以下10字分ほど黒線で上書き消去〕

(ロ)〔昭和〕**39年9月24日**〔*注2〕、**ラ大使が大平前大臣に この問題を佐藤総理**〔*注3〕**及び椎名大臣に引継がれたか否か質問した処、**ラ大使の印象では引継いで居られないようであった。**(我方に記録なし。)**

(ハ)〔昭和〕**39年12月29日 佐藤総理 ラ大使 密談の際、ラ大使より前記（イ）の意向を述べ、**若し日本側に問題があれば開示願度き旨を述べた。**（我方に記録なし。）**

(ニ)然る処 その後 佐藤総理より本件に関し何等お話がないので、米側は〔昭和〕39年12月以後は、日本側は米側の（イ）の解釈を認めておられるものと考えて来ている。

(ホ)従って米側は、日本側が以上の了解を承知の上で、国内的に「（1）米側は事前協議に係る事項に関し 日本側の意に反することはしない。（2）米側は核兵器が何処には在り、何処にはないと云うことは一切公表しない」と説明しておられるものと思って来ている。

3. **安保条約改定交渉、特に事前協議事項に関する交渉を通じ、我方は総ての「持込み」(INTRODUCTION)は事前協議の対象であるとの立場をとり、艦船航空機の「一時的立寄り」について特に議論した記録も記憶もない**〔＊注4〕。この点はジョンソン大使によるも米側の記録と一致する。1月26日の同大使の説明によれば、米側の前記2（イ）の解釈の根拠は、事前協議に関し、「事前協議は米側及びその装備の日本国内への配備、並びに艦船航空機が日本の領海及び港へ入る場合の現行の手続を変更するものではない」と云う了解事項にあり、米側交渉当事者は、具体的に言及しなくとも これが「一時立寄り」に関するものであると云うことは日本側にとっても自明であると考えていたと云うことである。

然るに**日本側交渉当事者は 右了解は事前協議条項と地位協定第5条との関係に関するものと解し、「一時的立寄り」に関するものとは思っていなかったのが実情である。**

4. その後 新安保条約 国会審議の過程において、政府は事前協議は「一時的立寄り」を含む一切の「持込み」に及ぶものである（但し領海の無害通航の場合には及ばず）との立場を貫き、米側は政府の右の説明に対し、前記2の経緯の他、我方に異論を唱えることなく、之を黙視して来たものである。

5. **本件は日米双方にとり それぞれ政治的軍事的に動きのつかない問題であり、**さればこそ米側も我方も深追いせず今日に至ったものである。**差当り、**日本周辺における外的情勢、或は国内における核問題の認識に大きな変動〔が〕ある如き条件が生ずる迄、**現在の立場を続けるの他なしと思われる。**

【解説】まず「注1」は非常に無理のある記述です。ジョンソン大使はこのとき、大平がライシャワーに対して密約の内容を了承したことを確認するために会談しているのであって、自分から「大平はどちらとも見解をのべなかった」などと言うことはありえません。「米大使より（略）次の経緯を述べた」と書きながら、その部分に意図的に日本

側の見解を混入させているわけです。
「注3」は明確なまちがい。佐藤が首相に就任したのは同年一一月九日なので、九月二四日の段階で「佐藤首相に引きついだかどうか」などと聞くことはありえません。おそらくこの時期すでに池田内閣で外務大臣になっていた椎名が、佐藤政権でも引き続き在職したことによる記憶の混乱だと思われます。またこの会談の日付も「注2」にある九月二四日ではなく、正しくはアメリカ側文書にある同月二六日だと思われます。

こうしたいくつものまちがいは、東郷がこの報告書〔メモ〕を一月二六日のジョンソン大使との会談後、翌二七日までに急いでまとめたことから起きたものと推察されます。「注4」は、東郷自身が本当にこう考えていたことは、ご子息で条約局長も務められた和彦氏が書いた極秘報告書（→282ページ）中の、「核の寄港・通過の部分については、この文書作成当時日本政府は本当に該当部分が寄港・通過を許容する趣旨とは解していなかった」「同時期に作成された安保課長〔＝東郷文彦〕概論〔「報告対象文書1－2」〕は全くその認識を示さず」という記述からも明らかであり、また歴史的事実としても、本書180ページの考察などから、そのとおりであると思われます。

【資料⑳】「栗山メモ」を読む（文中の太字と傍点はすべて本書の著者によるものです）

平成元〔年〕・八〔月〕・二四〔日〕　次官　栗山

八〔月〕・二三〔日〕　中山大臣に（有馬北米局長同席）、同二四〔日〕　海部総理に（同席者なし）

本官より口頭にて別紙のラインで本件を説明。

（別紙）

一．安保条約（昭〔和〕35年改正）の仕組み

○核兵器の「持込み」（イントロダクション）は事前協議の対象（米の条約上の義務）

○米軍艦船、航空機の出入〔り〕、通過は自由、事前、個別の我が方の同意不要（米の条約上の権利）

二．米の核政策

○特定の艦船、航空機につき、核兵器の存否は明らかにせず（肯定も否定もしない）との政策をグローバルに堅持

○目的は抑止力の維持及び海空軍の機動性の確保

○従来より米海空軍は各種戦術核兵器を保有、近年は、潜水艦等にトマホーク（核・非核両用）

を配備

三．経緯

○我が国は一貫して寄港、通過を含め非核三原則堅持を表明

○米は条約義務は誠実に履行、他方、核兵器の存否につき肯定も否定もせずとの政策堅持との立場

○昭〔和〕38・4　ライシャワー大使、大平外務大臣に「持込み」の解釈につき問題提起

○昭〔和〕39・12　ライシャワー・佐藤総理

○双方の立場につき互いに詰めないとの立場を理解、**但し「密約」はなし。**

【解説】非常に簡潔明解に「東郷メモ」の論旨が整理されており、書き手の能力の高さがうかがえます。

栗山尚一（たかかず）氏（一九三一～二〇一五年）は、外務省の法規課長、条約課長、条約局長、事務次官、駐米大使を歴任した条約畑の超エリート。父の茂氏も戦前は条約局長やスウェーデン公使、ベルギー大使、戦後は最高裁判事やオランダのハーグにある国際機関「常設仲裁裁判所」の裁判官もつとめた日本有数の国際法の専門家でした。

第二章に登場した村田良平氏のあとを継いで事務次官となった栗山は「東郷メモ」にこの「栗山メモ」を添付しており（「報告対象文書1－5」添付文書）、以後、説明が必要なときはこちらのメモが参照されることが多くなったようです。

こうして、いずれも戦後の外務省を代表する超サラブレッドである東郷から栗山へ、核密約をめぐる「密教の経典」が引き継がれ、そのラインから外れる文書はすべて破棄されるか隠蔽されることになりました。

村田氏はインタビューの中で、艦船による核の持ち込みについて「条約局の頭のいい奴が屁理屈を考えて、もっともらしく答弁をしているのを横で見ていましてね。幸い自分は（略）ウソをつかなくて幸福だった」と答えていますが（『秘録 核スクープの裏側』太田昌克 講談社）、おそらく栗山のことでしょう。

その点はまさしく村田の言うとおりで、このメモの最後に書かれた「ただし密約はなし」という結論はまったくのでたらめです。栗山は、なぜ「密約文書には意味がない」かの理由を「国会決議のない合意は、日本の法体系（憲法第73条3項）では「条約」ではなく、効力がないから」と説明していたようですが、それが国内でしか通用しない子供だましの言い訳であることは、条約局の上層部はみなよくわかっていました。

そもそも国際法においては、「合意は拘束する(パクタ・スント・セルウアンダ)」という原則が広く認められており、国連国際法委員会が起草した「条約法に関するウィーン条約」においても「条約」とは、

○〈**その名称**〔「協定」「憲章」「宣言」「交換公文」「議事録」他〕**のいかんを問わず**、国際法にもとづく文書による国家間の合意である〉(第2条)

という定義を大前提として、

○〈条約に拘束されることについての国の同意は「**批准**」**以外にも、署名、条約を構成する文書の交換、受諾、承認、加入その他により表明することができる**〉(第11条)

○〈国家の元首、**政府の長、外務大臣は、条約の締結に関するあらゆる行為について、全権委任状の提示がなくても、国が条約に拘束されることにつき自国を代表して同意を表明したものと認められる**〉(第7条)

ことなどが定められているのです。

栗山のような人間が、そうした国際法の初歩の初歩を知らない可能性はゼロですから、要するに、

「国内法に責任を負う条約局の立場から言えば、そうしたものの存在を求めるわけにはいかない」

という主張だったものと思われます。

実際栗山は、密約文書が公開され、国家公務員としての守秘義務がなくなったあとのインタビューでは、

「秘密合意をやるのであれば、それは行政取り決めとして、国会承認を得てない国際約束を部分的に行政府限りで秘密裏に修正することは、法律的には許されるでしょうけれどもね」（『沖縄返還・日中国交正常化・日米「密約」』／当該箇所のインタビューは二〇一〇年四月八日）

と述べていることから、おそらく168ページのような仕組みについても、ほぼわかっていたのでしょう。

本書に何度も登場する東郷文彦のご子息である東郷和彦氏も、条約局長時代の一九九九年八月三〇日に、今後の国会で「1月6日文書（＝「討議の記録」）」や、それにふれた「1963年4月4日文書（＝「改ざん文書」）」が、もし表面化したときにどうするかについて、

「〔「討議の記録」の存在は認めるが〕**これは交渉中にかわされた文書であり、国際約束ではない**」

と説明すること、さらに、

「**過去の国会答弁も「そのような約束（＝国際約束）は存在しない」「秘密同意（＝国際約束）は存在しない」というラインでできているので、この薄い理屈を堅持しつつ説明する**」

という方針を当時の藤崎一郎・北米局長に極秘メモ*で提言していました。

つまりそれが「**根拠の薄弱な理屈であり、国際的にはまったく通用しないこと**」をもちろんよくわかっていたわけです。

けれどもここが本書のテーマでもある外務省と霞が関の最大の欠陥なのですが、その初歩的な認識が、条約局のトップ以外の外務官僚には、まったく伝わっていないのです。

現在でも条約分野における栗山の圧倒的権威のために、外務省内でも、また最も知的レベルの高い政治家たちの間でも、密約については、

「『知りません』という返事しかありえないですね」（宮沢喜一・元首相**）

「外務省も知りません。それは『知らない』ということでなければならない」（同前）

「日本の場合、首脳のサインと国会の承認のないものは公式拘束力はない」（中曽根康弘・元首相[**]）

という国内だけでしか通用しない詭弁が、依然として曖昧なコンセンサスとして存在しており、そうした国際法との乖離という致命的な弱点をアメリカ側から利用され、国家主権をどんどん奪い取られていったことは、第四章ですでに述べたとおりです。

「交渉中の合意文書は、〔国会決議を経た〕国際約束ではないので公的な拘束力はない」

という、おそらく栗山の考え出した「薄い理屈」は、

「外国軍には、基本的に受入国の法令は適用されない」

という「大河原理論」と同じ。簡単に言えば、百パーセントのウソなわけです。

これから東アジアの国際環境が大きく変化していくなか、新しい時代の外交をになう若い外務官僚のみなさんには、この栗山理論・大河原理論の迷妄から一刻も早く脱却していただき、あくまで国際法の常識にもとづいた、毅然とした日米交渉を行っていただきたいと心から願っております。

＊ 外務省公開文書「核兵器の寄港・通過問題について（メモ）」（一九九九年八月三〇日）

＊＊『日米同盟半世紀』（外岡秀俊　本田優　三浦俊章　朝日新聞社）発言は双方とも二〇〇〇年八月のもの。

あとがき――歴史の法則は繰り返す

歴史の本を読む楽しみは、なんといってもはるか昔の人間の営みのなかに、

「なんだ、いまとそっくりじゃないか」

と思えるような出来事が、見つかるところにあるのでしょう。

そのとき、過去の歴史との強烈なコントラストのなかで、いま現実の世界で起きている出来事の意味が一瞬にして明らかになる。

たとえば、本書の第三章に登場する評論家の立花隆さんは、いまから四〇年以上も前に、『文明の逆説』（講談社　一九七六年）という大変おもしろい本を書いています。

その冒頭では、かつて古代ローマ帝国の末期に、遠くパレスチナの荒野から誰よりも早く帝国の滅亡を予言した、聖ヒエロニムス（キリスト教の教父）のこんな言葉が紹介されていました。

「我々の時代の滅亡を語らんとするとき、わが魂はふるえおののく。

ローマ世界は滅びつつある。それなのに我々は頭をたれるどころか、傲然と頭をもたげている。

長い間、我々は神が我々に対して怒りを持っていることを感じとっていた。それなのに神の怒りをしずめようと思わなかった。

〔現在、ローマと戦う〕蛮族たちがかくも強いのは、実は我々の犯している神への罪のためである。ローマの軍隊に敗北をもたらしているのは、実は我々の悪徳〔それ自身なの〕である」（紀元三九六年）

「勝てない戦争」を戦う古代ローマ軍と現代の米軍

いまから一六〇〇年以上も前の文章なのに、いきなり引き込まれてしまいます。

というのも文中に登場する、帝国末期にみずからの「罪と悪徳」のため、「蛮族」（異国の野蛮人）との戦いにおいて敗走をくり返す古代ローマ軍。

その姿が二一世紀のいま、たとえば「対テロ戦争」の名のもとにイラクを虚偽の理由（大量破壊兵器の保有）で爆撃し、数十万人もの罪のない民間人を殺害して、その結果、「永遠につづく憎しみ」と「終わらない戦争」をみずからの手でつくりだしてしまった米軍の姿と、まるで二重写しのように思えてくるからです。

現象面からいえば、たしかにローマ帝国は、彼らが「異国の野蛮人（バルバルス）」と呼んだゲルマン人の侵入によって滅亡したかのようにみえる。

けれどもここで聖ヒエロニムスが予言しているように、最終的にローマ帝国はそうした外部からの攻撃によってではなく、帝国自身の内部要因（ヒエロニムスのいう「罪と悪徳」）によって崩壊した。その歴史認識は、現代の超一流の歴史家たちにも広く共有されているのだと、立花さんは書いています。


はじめ成功をもたらしたものが、やがて失敗を導く

そしてさらに、そこからもう一歩話を進めて、こう述べているのです。

「しかし、考えてみると、ヒエロニムスが「罪と悪徳」ととらえたものこそ、ローマ帝国の成立・成長過程にあっては、その成功を保証した条件だった。ローマ帝国は権力、富、快楽に対するあくなき追求をよしとすることの上に建てられた帝国だった。それが成長期にはローマの活力源となり、対外発展の原動力となっていた。**しかし、衰退期には、その同じものが、社会を解体させ、帝国を崩壊に導いたのである。**（略）

はじめ成功をもたらしたものが、やがて失敗を導くようになり、はじめ良しとされていたものが、やがて悪しきものと変わる。ここに歴史の弁証法がある」

「戦後日本」を支えた2つのテーゼ

成長期には国家発展の原動力となったその同じ条件が、衰退期には今度は逆に国家を崩壊させる最大の要因となってしまう。

この「文明の逆説」ほど、現在の日本人がおぼえておかねばならない歴史上の法則はないでしょう。

というのも、現在私たちが暮らしている「戦後日本」という国は、いまから約七〇年前に極貧の敗戦国としてスタートし、その後、一九五〇年代後半から約三〇年にわたり、「人類史上まれな」と呼ばれるほどの急激な経済成長を経験しました。

しかし、それではいったいなぜそんなことが可能だったのかといえば、その最大の原因は本書中でも触れた、

「軍事主権の放棄」

という、密室で合意された基本方針のおかげだったといえるからです。

第二次大戦後に始まった冷戦構造のなか、米軍に軍事主権を引き渡し、そのことで戦後世界の覇者となったアメリカの警戒心をといて、経済面での優遇措置をあたえてもらう。その一方、マッカーサーが残した憲法9条をたてにとり、自衛隊の海外派兵は拒否して、日本人が戦争に巻き込まれないようにする。

つまり「戦後日本」というきわめて特殊な国家においては、

「日米安保には指一本ふれるな」

という右派のテーゼと、

「憲法9条には指一本ふれるな」

という左派のテーゼが、一見はげしく対立するように見えながら、そのウラでは「軍事主権の放棄」という一点で、互いに補完しあい、支えあっていたわけです。

そして、表面的には矛盾するそのふたつのテーゼをそのままセットで自らの基本方針（「日米安保支持&護憲」）とした、「保守本流」と呼ばれる自民党のリベラル派政権が国の中心にどっかりと座り、その路線のもと日本は冷戦期、長期の社会的安定と経済発展を実現することになったのです。

日本に深刻な危機をもたらす2つの原因

けれども「冷戦の時代」はすでに三〇年前、まずヨーロッパで終焉をむかえ、さらにいま、ついに東アジアにおいてもその幕を閉じようとしています。

そうした状況のなか、かつて「第二次大戦の敗戦国」から、わずか二〇年で「冷戦の戦勝国」へと駆け上がることに成功し、その後も長い経済的繁栄を謳歌した日本は、ついにいま、新たな国家原理のもとで再スタートを切る必要性に迫られているのです。

なぜなら「軍事主権の放棄」という戦後日本の隠された「国是（こくぜ）」が、いま「文明の逆説」そのままに、日本に深刻な危機をもたらし始めているからです。

ひとつは今回の朝鮮半島における「朝鮮戦争終結問題」を見れば明らかなように、現在、日本の外交力は、ゼロどころか巨大なマイナスになっているということです。

本書の冒頭でもふれたとおり、「分断された民族の融和」や「核戦争の回避」といった、いわば「絶対的な善（ト・アリストン）」に対して、率先して協力するどころか、ただ一ヵ国だけ最後まで邪魔をしていたのが、その民族分断の原因をつくった当の日本だったのですから、まったく話になりません。国際的に見て、これほど軽蔑されるべき「外交姿勢」も、そうはお目にかかれないでしょう。

もうひとつは、東アジアの国際環境が大きく変化したあと、それでも軍事的な危機が起きたときの問題です。日本にはそのとき自国の危険を回避するための選択肢が、どこにも存在しないのです。

右派も左派も、それぞれの楽園から出なければならない

朝鮮戦争、ベトナム戦争、湾岸戦争、アフガニスタン戦争、イラク戦争。

これまでいくつもの大戦争において、日本はその全土が米軍の出撃基地となり、全面的な後方支援を行ってきました。国際法上もちろんそれは「参戦」にあたります。

その日本がなぜ、これまでまったく報復攻撃を受けなかったかといえば、それは「日米安保」や「憲法9条」のおかげというよりも、むしろそれらの戦争におけるアメリカの交戦国が、いずれも「日本に届くようなミサイルや爆撃機を、まったく持っていなかったから」と言ったほうが、現実に近かったわけです。

けれども、以前はあれほど強固に見えた米軍の制空権は、現在東アジアにおいて、ほぼ失われつつあります。

そうした根本的な情勢変化のなかで、

「とにかく、これまで通りこの日米同盟〔＝主権なき軍事的従属体制〕さえ続けていけば、日本の安全は守られるのだ」

という右派の主張は、かつて彼らが口をきわめてののしった、

「いっさいの軍事力を持たずに国を守れ」

という一部の左派の主張と同じくらい、文字通りのお花畑となっているのです。

なぜなら軍事主権の放棄とは、「戦争をする権利」の放棄であると同時に、「戦争をしない権利」の放棄でもある。国家としてそれほど危険な状態はないのです。

ですから私たちはいま、過去の大きな経済的成功にとらわれることなく、歴史上の客観的な事実をよく検証したうえで、先に述べた左右ふたつのテーゼに注意深く同時に手を触れて、「戦後日本」というこの一時は未曾有の繁栄をとげた巨大な社会のあり方を、根本から変更すべき時期にきているのです。

未来は必ず変えられる

冒頭で触れた「文明の逆説」をめぐる考察を、立花さんは次のような結論でしめくくっています。

あらゆる文明がそうであるように、われわれの文明もまた、やがて確実に「死」のときを迎える。しかしそれは、けっして過度に悲観すべきことではないのだと。

「死ぬのは文明であって人類ではない。（略）そして、**一つの文明の死は、同時にもう一つの文明の誕生となる。**一つの文明の成功の条件が、同時にその文明の失敗の条件となるという逆説のように、**一つの文明の死の苦しみは、同時に別の文明の生みの苦しみとなる**というもう一つの文明の逆説もまたあるのだ」

私はこの言葉を、いま日本の現状を憂えるすべての人たちに、なかでもとくに、これから長い人生を歩んでいくことになる若い世代の人たちに、広く知ってほしいと心から願っています。

ひとつの社会体制が滅んでも、人びとの営みは絶えることなくつづいていく。

だから未来は変えられる。事実を知った今日ただいまから、必ず未来は変えられる。

新しい日本の社会を、日米関係を、そして核兵器のない平和な世界を、混迷のなかから生み出していくのは、みなさんの仕事なのです。

主な参考文献

有馬哲夫『CIAと戦後日本』平凡社
飯山雅史「日本は「核密約」を明確に理解していた」『中央公論』2009年12月号
石井修（監修）『アメリカ合衆国 対日政策文書集成 第I期 第5巻』柏書房
石井修 小野直樹（監修）『アメリカ合衆国 対日政策文書集成 第V期 第5巻』柏書房
太田昌克『日米「核密約」の全貌』筑摩書房
太田昌克『秘録 核スクープの裏側』講談社
太田尚樹『満州裏史』講談社
岸信介『岸信介回顧録 保守合同と安保改定』廣済堂出版
栗山尚一『沖縄返還・日中国交正常化・日米「密約」』岩波書店
古関彰一『日本国憲法の誕生 増補改訂版』岩波書店
末浪靖司『対米従属の正体』高文研
末浪靖司『機密解禁文書にみる日米同盟』高文研
シャラー、マイケル『「日米関係」とは何だったのか』草思社
ジョンソン、アレクシス『ジョンソン米大使の日本回想』草思社
外岡秀俊 本田優 三浦俊章『日米同盟半世紀』朝日新聞社
高橋和宏「日米「核密約」の成立はいつか?―ジョンソン大統領図書館公開文書からの一考察―」（データベース日本外交史）
立花隆『文明の逆説』講談社
立花隆『巨悪vs言論』文藝春秋
豊田祐基子『「共犯」の同盟史――日米密約と自民党政権』岩波書店
豊田祐基子『日米安保と事前協議制度――「対等性」の維持装置』吉川弘文館

新原昭治　浅見善吉『アメリカ核戦略と日本』新日本出版社
新原昭治『米政府安保外交秘密文書 資料・解説』新日本出版社
新原昭治『「核兵器使用計画」を読み解く』新日本出版社
新原昭治『日米「密約」外交と人民のたたかい――米解禁文書から見る安保体制の裏側』新日本出版社
新原昭治『「日米同盟」と戦争のにおい――米軍再編のほんとうのねらい』学習の友社
原彬久『戦後日本と国際政治』中央公論社
春名幹男「日米密約 岸・佐藤の裏切り」『文藝春秋』2008年7月号
藤山愛一郎『政治わが道 藤山愛一郎回想録』朝日新聞社
藤原書店編集部編『「日米安保」とは何か』藤原書店
前泊博盛『本当は憲法より大切な「日米地位協定入門」』創元社
村田良平『村田良平回想録』ミネルヴァ書房
村田良平『何処へ行くのか、この国は――元駐米大使、若人への遺言』ミネルヴァ書房
森田一『心の一燈 回想の大平正芳』第一法規
矢部宏治『日本はなぜ、「基地」と「原発」を止められないのか』集英社インターナショナル
矢部宏治『日本はなぜ、「戦争ができる国」になったのか』集英社インターナショナル
矢部宏治『知ってはいけない――隠された日本支配の構造』講談社
吉田敏浩＋新原昭治・末浪靖司『検証・法治国家崩壊 砂川裁判と日米密約交渉』創元社
吉田敏浩『「日米合同委員会」の研究』創元社
吉見俊哉 モーリス‐スズキ、テッサ『天皇とアメリカ』集英社
若泉敬『他策ナカリシヲ信ゼムト欲ス』文藝春秋
ワイナー、ティム『CIA秘録』文藝春秋
李鍾元『東アジア冷戦と韓米日関係』東京大学出版会

N.D.C. 310　294p　18cm
ISBN978-4-06-513949-3

講談社現代新書　2499

知ってはいけない２　日本の主権はこうして失われた

二〇一八年一一月一三日第一刷発行　二〇二四年一〇月二日第一一刷発行

著　者　矢部宏治

発行者　篠木和久

発行所　株式会社講談社
東京都文京区音羽二丁目一二―二一　郵便番号一一二―八〇〇一

電　話　〇三―五三九五―三五二一　編集（現代新書）
〇三―五三九五―四四一五　販売
〇三―五三九五―三六一五　業務

装幀者　中島英樹

印刷所　株式会社ＫＰＳプロダクツ

製本所　株式会社国宝社

定価はカバーに表示してあります　Printed in Japan

「講談社現代新書」の刊行にあたって

教養は万人が身をもって養い創造すべきものであって、一部の専門家の占有物として、ただ一方的に人々の手もとに配布され伝達されうるものではありません。

しかし、不幸にしてわが国の現状では、教養の重要な養いとなるべき書物は、ほとんど講壇からの天下りや単なる解説に終始し、知識技術を真剣に希求する青少年・学生・一般民衆の根本的な疑問や興味は、けっして十分に答えられ、解きほぐされ、手引きされることがありません。万人の内奥から発した真正の教養への芽ばえが、こうして放置され、むなしく滅びさる運命にゆだねられているのです。

このことは、中・高校だけで教育をおわる人々の成長をはばんでいるだけでなく、大学に進んだり、インテリと目されたりする人々の精神力の健康さえもむしばみ、わが国の文化の実質をまことに脆弱なものにしています。単なる博識以上の根強い思索力・判断力、および確かな技術にささえられた教養を必要とする日本の将来にとって、これは真剣に憂慮されなければならない事態であるといわなければなりません。

わたしたちの「講談社現代新書」は、この事態の克服を意図して計画されたものです。これによってわたしたちは、講壇からの天下りでもなく、単なる解説書でもない、もっぱら万人の魂に生ずる初発的かつ根本的な問題をとらえ、掘り起こし、手引きし、しかも最新の知識への展望を万人に確立させる書物を、新しく世の中に送り出したいと念願しています。

わたしたちは、創業以来民衆を対象とする啓蒙の仕事に専心してきた講談社にとって、これこそもっともふさわしい課題であり、伝統ある出版社としての義務でもあると考えているのです。

一九六四年四月　野間省一

哲学・思想Ⅰ

哲学・思想Ⅱ

宗教

Ⓒ

経済・ビジネス

350 経済学はむずかしくない〈第2版〉——都留重人
1596 失敗を生かす仕事術 畑村洋太郎
1624 企業を高めるブランド戦略——田中洋
1641 ゼロからわかる経済の基本——野口旭
1656 コーチングの技術——菅原裕子
1926 不機嫌な職場——高橋克徳 河合太介 永田稔 渡部幹
1992 経済成長という病——平川克美
1997 日本の雇用——大久保幸夫
2010 日本銀行は信用できるか 岩田規久男
2016 職場は感情で変わる 高橋克徳
2036 決算書はここだけ読め！——前川修満
2064 決算書はここだけ読め！キャッシュ・フロー計算書編 前川修満
2125 ビジネスマンのための「行動観察」入門 松波晴人
2148 経済成長神話の終わり アンドリュー・J・サター 中村起子 訳
2171 経済学の犯罪——佐伯啓思
2178 経済学の思考法——小島寛之
2218 会社を変える分析の力 河本薫
2229 ビジネスをつくる仕事 小林敬幸
2235 20代のための「キャリア」と「仕事」入門——塩野誠
2236 部長の資格——米田巖
2240 会社を変える会議の力 杉野幹人
2242 孤独な日銀——白川浩道
2261 変わった世界 変わらない日本——野口悠紀雄
2267 「失敗」の経済政策史 川北隆雄
2300 世界に冠たる中小企業 黒崎誠
2303 「タレント」の時代——酒井崇男
2307 AIの衝撃——小林雅一
2324 〈税金逃れ〉の衝撃 深見浩一郎
2334 介護ビジネスの罠——長岡美代
2350 仕事の技法——田坂広志
2362 トヨタの強さの秘密 酒井崇男
2371 捨てられる銀行——橋本卓典
2412 楽しく学べる「知財」入門——稲穂健市
2416 日本経済入門——野口悠紀雄
2422 捨てられる銀行2 非産運用——橋本卓典
2423 勇敢な日本経済論——髙橋洋一 ぐっちーさん
2425 真説・企業論——中野剛志
2426 東芝解体 電機メーカーが消える日 大西康之

世界の言語・文化・地理

日本史Ⅰ

1258 身分差別社会の真実——斎藤洋一／大石慎三郎
1265 七三一部隊——常石敬一
1292 日光東照宮の謎——高藤晴俊
1322 藤原氏千年——朧谷寿
1379 白村江——遠山美都男
1394 参勤交代——山本博文
1414 謎とき日本近現代史 野島博之
1599 戦争の日本近現代史 加藤陽子
1648 天皇と日本の起源 遠山美都男
1680 鉄道ひとつばなし——原武史
1702 日本史の考え方——石川晶康
1707 参謀本部と陸軍大学校 黒野耐

1797 「特攻」と日本人——保阪正康
1885 鉄道ひとつばなし2——原武史
1900 日中戦争——小林英夫
1918 日本人はなぜキツネにだまされなくなったのか 内山節
1924 東京裁判——日暮吉延
1931 幕臣たちの明治維新 安藤優一郎
1971 歴史と外交——東郷和彦
1982 皇軍兵士の日常生活 一ノ瀬俊也
2031 明治維新 1858-1881 坂野潤治／大野健一
2040 中世を道から読む——齋藤慎一
2089 占いと中世人——菅原正子
2095 鉄道ひとつばなし3——原武史
2098 戦前昭和の社会 1926-1945——井上寿一

2106 戦国誕生——渡邊大門
2109 「神道」の虚像と実像 井上寛司
2152 鉄道と国家——小牟田哲彦
2154 邪馬台国をとらえなおす——大塚初重
2190 戦前日本の安全保障——川田稔
2192 江戸の小判ゲーム——山室恭子
2196 藤原道長の日常生活 倉本一宏
2202 西郷隆盛と明治維新 坂野潤治
2248 城を攻める 城を守る——伊東潤
2272 昭和陸軍全史1——川田稔
2278 織田信長〈天下人〉の実像 金子拓
2284 ヌードと愛国——池川玲子
2299 日本海軍と政治——手嶋泰伸

Ⓖ

日本史Ⅱ